统信软件技术有限公司
UnionTech Software Technology Co., Ltd.

中国自主基础软件技术与应用丛书

# 统信UOS 操作系统使用教程

统信软件技术有限公司◎著

U0234226

人民邮电出版社

北　京

图书在版编目（CIP）数据

统信UOS操作系统使用教程 / 统信软件技术有限公司
著. -- 北京：人民邮电出版社，2021.1（2022.1重印）
（中国自主基础软件技术与应用丛书）
ISBN 978-7-115-55473-4

Ⅰ．①统… Ⅱ．①统… Ⅲ．①操作系统－教材 Ⅳ.
①TP316

中国版本图书馆CIP数据核字(2020)第241903号

# 内 容 提 要

本书全面讲述统信桌面操作系统（统信 UOS）的使用方法。全书分为 3 篇，共 16 章。基础篇介绍统信 UOS 的特点，以及安装与激活统信 UOS 的方法；进阶篇介绍在日常办公场景下统信 UOS 常见功能的详细使用方法，包括桌面环境、控制中心、文件和目录管理、软件管理、文档处理等；高阶篇介绍系统管理的知识，在统信 UOS 上安装 Windows 软件的方法，以及统信 UOS 使用过程中的常见问题与使用建议。

本书面向统信 UOS 的用户，以实用操作讲解为主，旨在帮助读者快速上手统信 UOS。

- ♦ 著　　　统信软件技术有限公司
　　责任编辑　俞　彬
　　责任印制　王　郁　马振武
- ♦ 人民邮电出版社出版发行　　北京市丰台区成寿寺路 11 号
　　邮编　100164　电子邮件　315@ptpress.com.cn
　　网址　https://www.ptpress.com.cn
　　涿州市京南印刷厂印刷
- ♦ 开本：787×1092　1/16
　　印张：16.5　　　　　　　　　2021 年 1 月第 1 版
　　字数：340 千字　　　　　　　2022 年 1 月河北第 6 次印刷

定价：69.80 元

读者服务热线：(010)81055410　印装质量热线：(010)81055316
反盗版热线：(010)81055315
广告经营许可证：京东市监广登字 20170147 号

## 《统信 UOS 操作系统使用教程》研制组

**组长：**

王明栋　王耀华

**副组长：**

刘昌辉　秦　娣　王敏琦　张继德　张　爽

**参加人员（按姓氏拼音序）：**

蔡厚辉　胡红普　蒋　文　李　程　李端君

李　鹤　刘　勇　王　元　谢　威　谢　颖

闫博文　张丁元　张月乾　赵志鹏

当前我国经济正由高速增长转变为高质量发展，鉴于网络安全对于保障国家安全以及保障经济发展的重大意义，网络安全已得到越来越多的关注。众所周知，网络安全需要自主可控基础软件的支撑，而基础软件却是我国网信领域的一大短板。长期以来，我国的基础软件基本上都被外国所垄断，这与之前"造不如买，买不如租"的思想影响有关，从而浪费了发展基础软件的许多宝贵时间，因此现在必须急起直追，把损失的时间补回来。

近年来，国家制订的一系列规划中，在战略层面上非常重视发展国产基础软件，并提供多方的政策扶持，重视人才培养与产业链的建设。在这些政策的引导下，中国的基础软件正迎来最好的发展时机，而真用、能用、好用的国产操作系统也逐渐走出特定领域，渐渐走向普通消费者了。

今后国产操作系统走向普通消费者，这将是中国基础软件发展的新的里程碑，这将表明国产操作系统已经稳定好用，并且具备了完善的应用生态，能够满足用户的上网、办公、娱乐等基本需求了。而国产操作系统的普及使用，也必将带动整个自主可信信息技术体系的蓬勃发展，从而使我国的信息安全能得到产业的支撑。

2020 年，统信 UOS 的发布，代表了目前我国国产操作系统的水平。该操作系统从底层兼容到交互界面，再到应用生态，都有了较大提升，并且顺应智能时代的发展，首次引入人工智能应用，成为广受欢迎的国产操作系统。而我们的教育、金融、交通等行业，也开始大量引入国产操作系统，积极响应信息创新建设工作的推进。这样，今年我国基础软件就进入了空前高涨的发展期。

本书通过系统地介绍操作系统以及操作系统的功能使用，向用户展示了目前国产操作系统的水平，这意味着国产操作系统向着真正普及迈出了重要的一步。相信未来更多国产操作系统书籍的问世，必将为国产基础软件的高速发展奠定稳固的基础。

中国工程院院士

2020 年 12 月

统信软件技术有限公司（简称"统信软件"）成立于 2019 年，由国内多家长期从事操作系统研发的核心企业整合后组成，包括武汉深之度科技有限公司、武汉诚迈科技有限公司，后续还有其他国内主流操作系统厂商加入。统信软件专注于操作系统等基础软件研发与服务，并在北京设立了总部，在上海、广州、武汉、南京、西安、成都、无锡等地建立分公司。

统信软件研发了基于 Linux 内核的多种操作系统产品，提供安全稳定、美观易用的操作系统与解决方案。统信软件具备在信创领域优异的产品研发能力与售后服务支持能力，可以向行业用户提供全面的操作系统的解决方案、技术支持和咨询培训等服务。

统信软件作为国内优秀的 Linux 研发团队，拥有操作系统研发、行业定制、国际化、迁移和适配、交互设计、咨询服务等多方面专业人才，能够满足不同用户和应用场景对操作系统产品的广泛需求。

目前统信软件已经和龙芯、飞腾、海思麒麟、申威、鲲鹏、兆芯、海光等芯片厂商开展了广泛而深入的合作，与国内各主流整机厂商，以及数百家软件厂商展开了全方位的兼容性适配工作，共同发展和建设新的软硬件技术生态。

统信 UOS 包括统信桌面操作系统和统信服务器操作系统。统信桌面操作系统包含桌面环境（DDE）和 40 多款原创应用，以及数款来自开源社区的应用软件，能够满足用户的日常办公和娱乐需求。统信服务器操作系统以服务器支撑服务场景为主，面向用户的业务平台提供标准化服务、虚拟化、云计算支撑，并满足未来业务拓展和容灾需求的高可用和分布式支撑。

## 基础篇

## 进阶篇

# 06 控制中心

# 07 文件和目录管理

# 第13. 游戏与娱乐

# 高阶篇

# 第14. 系统管理

# 第15. 使用 Windows 软件

## 16.

## 常见问题与使用建议

## 附录 A 命令参考

- 基础篇 -

# 第01章
## 统信操作系统简介

统信操作系统（简称"统信 UOS"）是统信软件技术有限公司打造的一款国产操作系统，该操作系统包括统信桌面操作系统和统信服务器操作系统。

## 1.1 统信软件

统信软件技术有限公司（简称"统信软件"）成立于 2019 年 11 月，如图 1.1 所示。公司目前由武汉深之度科技有限公司和武汉诚迈科技有限公司等组成。

统信软件的操作系统研发团队专注基于 Linux 内核的操作系统研发与服务。团队旨在针对目前信创应用"芯繁魂乱"的问题，通过技术路线的统一，打造同一版本的操作系统产品，提供统一的应用开发接口、应用开发支撑平台、标准规范、应用商店和软件仓库、产品文档来降低用户的选择成本，为用户提供更加优质的产品和更加强大的技术服务。

图 1.1 统信软件

统信软件基于 Linux 内核采用同源异构技术打造的统信 UOS，同时支持 4 种 CPU 架构（AMD64、ARM64、MIPS64、SW64）和七大 CPU 平台（龙芯、飞腾、海思麒麟、申威、鲲鹏、兆芯、海光），提供高效简洁的人机交互、美观易用的桌面应用和安全稳定的系统服务，是一款真正可用并且好用的操作系统。统信 UOS 具备六大统一特性：版本统一、文档统一、平台统一、开发接口统一、标准规范统一、应用商店和仓库统一。同时统信 UOS 还具备突出的安全特性，不仅在系统安全方面经过专业设计和论证，而且与国内各大安全厂商深入合作，进行安全漏洞扫描及修复，大大提升了操作系统安全保护能力，打造出统信 UOS 坚固的安全防线。统信 UOS 在产品功能方面还通过分区策略、限制 sudo 使用、商店应用安全策略、安全启动以及开发者模式等安全策略，进一步保障操作系统的安全和稳定。

目前统信 UOS 已得到国内主要 CPU 厂商、重点整机厂商、主流应用厂商的全力支持，并和国内主流整机厂商完成了系统预装。目前产品已完成规范测试认证，即将随同新一期的信创产品名录发布。围绕统信 UOS 打造自主软件生态已经取得良好成效，未来统信软件将继续加大与国内优秀软、硬件厂商的合作，携手共建信息技术应用创新的新生态圈。

## 1.2 统信产品介绍

统信软件研发了基于 Linux 内核的操作系统产品，即统信 UOS。统信 UOS 包括统信桌面操作系统和统信服务器操作系统。

统信桌面操作系统是一款美观易用、安全稳定的国产操作系统，包含桌面环境和 40 多款原创应用，以及数款来自开源社区的应用软件，能够满足不同用户的办公、生活、娱乐需求。

统信服务器操作系统以服务器支撑服务场景为主，面向用户的业务平台提供标准化服务、虚拟化、云计算支撑，并提供满足用户未来业务拓展和容灾需求的高可用和分布式支撑。

# 1.3 统信桌面操作系统

统信桌面操作系统是统信软件为个人和企事业单位等用户推出的一款美观易用、安全稳定的桌面操作系统产品。该产品可支持龙芯、飞腾、海思麒麟、申威、鲲鹏、兆芯、海光等国产 CPU 平台，适配联想、华为、清华同方、长城、曙光、航天科工、浪潮等主流整机和外设品牌产品，能够满足用户的办公、娱乐、沟通需求。统信桌面操作系统以全新的交互设计和界面风格为用户提供高效、便捷的使用体验，如图 1.2 所示。统信桌面操作系统还可根据用户的需求提供个性化的产品服务，包括 Windows 桌面替代方案、办公自动化方案、虚拟电子教室等。

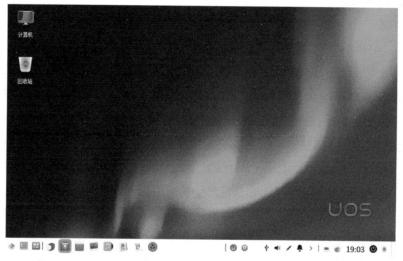

图 1.2　桌面环境

统信桌面操作系统具有以下优点。

- 美观的桌面风格，符合用户的操作习惯。
- 自主研发的桌面环境。
- 独创的控制中心系统管理界面。
- 大量高质量的桌面应用程序，如应用商店、语音助手、安全中心等。
- 基于 DeepinWine 技术，可运行大量的 Windows 平台软件。
- 基于开源内核构建，自主开发图形环境，完全可控。
- 内置防火墙、多等级权限控制等安全机制。
- 面向全球的安全补丁升级体系。
- 获得中华人民共和国工业和信息化部测试认证，符合安全可靠环境电子公文的要求。

# 第 **02** 章

# 统信 UOS 与 Linux

通过上一章初步了解统信 UOS 后，有些人可能会产生疑问，究竟什么是操作系统，统信 UOS 又是从何而来的？本章将由这两个问题展开，追本溯源，带领读者走进操作系统、Linux 操作系统以及统信 UOS，让读者建立起关于操作系统的基本概念。

## 2.1 什么是操作系统

如果被问到什么是操作系统（Operating System，OS），很多初学者可能会一脸茫然。虽然大家可能都知道平时使用的 Windows 10 和安卓（Android）其实就是操作系统，但是可能都无法准确地说出操作系统的定义，或者无法解释清楚什么是操作系统。各种操作系统的标识如图 2.1 所示。

操作系统是计算机中不可或缺的基础系统软件，它是应用运行和用户操作必备的基础环境支撑，是计算机系统的基石。

在计算机中，操作系统起着承上启下的作用。对上，操作系统提供了各个应用运行的环境，它会时时调度各个应用，让它们和谐

图 2.1　操作系统标识

相处，共享一个硬件环境。对下，它管理各种各样的硬件设备，充分发挥它们的作用，并有条不紊地对硬件资源进行调度，使得各个应用能充分使用各个硬件。如果没有操作系统，各个应用就需要直接处理每种硬件设备，并与系统中运行的其他应用进行通信协同。每个应用自行开发大量与应用业务无关但是与底层支撑相关的功能，这会带来极大的、不必要的工作量。如一位软件工程师本来只想开发一个记事本应用来记录文字，却发现自己还需要先了解键盘、鼠标、显卡、显示器、硬盘甚至网卡怎么使用才能开发应用，工程师会不会有些崩溃？如果觉得这些都是小问题，可以再想象一下，除了以上硬件之外，还需要了解几十种不同型号的键盘、鼠标、显卡、显示器、硬盘以及网卡，此时工程师是不是会有一种要发疯的感觉？

当然，如果没有多种硬件设备或多个应用，那么操作系统也就没有那么重要了。如同中央处理器，操作系统也是计算机发展到一定阶段的产物。早期的计算机操作系统都是面对特定问题的，软、硬件是一体研制的，因此每个计算机实际上只需要运行一个软件。这类计算机所需要的硬件也都是专门为这个软件定制的，并不需要额外的操作系统在中间进行硬件管理与应用软件的调度，因为应用软件自身就可以把这些工作都做完。

操作系统的形态有很多，除了大家较为熟悉的桌面、智能手机（包括平板电脑）以及服务器操作系统外，还有嵌入式操作系统（不过很多嵌入式操作系统不同于一般意义上的操作系统）、物联网操作系统等。本书主要关注桌面操作系统。用户日常使用的桌面操作系统以图形用户界面为主、命令行界面为辅（或不使用命令行界面），而服务器操作系统一般仅使用命令行界面。

统信 UOS 实际上是基于 Linux 发展而来的。那么什么是 Linux？统信 UOS 又为什么选择 Linux 呢？这些问题将在下面两节进行详细讲解。

## 2.2 Linux 操作系统简介

谈到 Linux 就不得不提及 Linux 背后的 GNU（"GNU is Not UNIX" 的递归缩写）计划。GNU 计划由理查德·斯托曼（Richard Stallman）于 1983 年 9 月 27 日公开发起，该计划的目标是创建一套"完全自由"的操作系统。GNU 计划发起的理由之一就是希望保证 GNU 软件可以自由地"使用、复制、修改和发布"，这也是 GNU 通用公共许可证（General Public License，GPL）的来源。GNU 的标识如图 2.2 所示，该图标被使用在 GNU 的电子文件中，也是自由软件基金会的元素。

在 GNU 计划的背景下，Linux 于 1991 年诞生，当时的芬兰大学生林纳斯（Linus）出于个人兴趣，基于可移植操作系统接口（Portable Operating System Interface，POSIX）标准在 x86 处理器上开发了一个类 UNIX 操作系统，这就是 Linux 的开始。作为一个操作系统内核，Linux 本身没有超前的理论创新，也没有宏伟的蓝图设计，它最引人注目的特点在于它的开发方式。Linux 内核是基于 GPL 第 2 版发布的，其源代码能被任何人访问到，而且任何人都能参与到 Linux 的开发中。实际上，现在已有超过 1200 家公司、2 万多人为 Linux 内核提交过代码，其中包括一些知名的软、硬件发行商。随着各 Linux 操作系统的成熟与流行，Linux 内核已经部署运行在全世界大部分的服务器、智能手机以及相当数量的桌面计算机上，取得了巨大的成功。此外，Linux 内核的源代码已经超过了 2000 万行，而且每天都有万行级别的源代码被提交。在这种规模的软件上，全世界范围内的社区进行合作开发，还能取得如此大的成功，确实是一件出人意料的事情。

需要说明的是，提起 Linux 的时候，往往指的是 Linux 内核（Kernel），而不是一般意义上的操作系统。内核是操作系统的核心。Linux 内核运行在处理器的特权级别，包含进程管理、内存管理、文件管理、设备管理等功能，能通过驱动程序和固件对底层的硬件进行管理，并提供系统调用等一系列接口给应用使用。但是内核不能被直接使用，它是为软、硬件服务的。

如上所述，用户平时都是通过应用（如命令行程序 bash 或桌面环境等）来使用计算机操作系统的，这些应用实际上还依赖于一系列的软件库。因此，一个 Linux 操作系统实际上就是在 Linux 内核的基础上，加上常见的软件库与软件形成的。图 2.3 所示的是 Linux 的标识。

图 2.2　GNU 的标识

图 2.3　Linux 的标识

Linux 操作系统一般又被称为 Linux 发行版（Distribution），它们包括大家耳熟能详的 Debian、CentOS、Ubuntu、Fedora 等。一般情况下，Linux 原生内核（又称为"香草内核"，以强调其原生性）通过 kernel.org 网站发布，各 Linux 发行版组织会在 Linux 原生内核的基础上进行定制得到新的内核，并在自己的发行版中使用。

除了内核之外，各发行版还会提供外壳（Shell）程序、常见的运行库（如 C 语言运行库）、软件包管理程序、系统服务、常见的程序（依应用场景而定）等，从而组成系统镜像（ISO）与软件仓库，提供给普通用户使用。

## 2.3 统信 UOS 为什么选择 GNU/Linux

可能会有读者产生疑问，统信软件为什么不开发一个全新的操作系统，而是基于 Linux 来开发操作系统？

这是因为开发操作系统是一项异常庞大且非常耗时的工程，仅 Linux 内核就有近 30 年的开发历史。同时 Linux 内核又是一个著名的开源项目，任何人都可以访问并使用，本身具有强大的开发团体。Linux 内核就是当下最好的选择，我们完全可以省时又省力地使用 Linux 内核作为统信 UOS 的核心，无须开发新的操作系统内核。基于 Linux 开发的操作系统"统治"了几乎从移动设备到主机的全部领域，如基于 Linux 内核开发的 Android 智能手机操作系统，如图 2.4 所示。

除此之外，从零打造操作系统主要的问题在于生态建设的时间问题。操作系统本身只是一个承载平台，用户感兴趣的实际上是运行在操作系统之上的应用软件和操作系统对相关硬件的支持。如果新的操作系统打造出来了，但是不能支撑应用软件的迁移与正常运行，或者不能使用相关的硬件，那操作系统就失去了存在的意义。操作系统如果要支撑应用软件与硬件，

图 2.4　Android 智能手机操作系统

就涉及"拔出萝卜带出泥"的问题，需要兼容大批接口、已有软件和硬件。因此，基于现有系统开发的操作系统可以有效利用成熟的软、硬件与接口，这在初期显得更为重要。

总而言之，Linux 作为一个使用 GPL 的操作系统，其内核与其他软件具有很好的透明性和开放性，而且经过长时间的实践建立了丰富的生态系统。基于 Linux 开发统信 UOS，可为统信 UOS 的下一步发展打下坚实的基础。著名的物理学家牛顿曾说过："如果我看得比别人更远些，那是因为我站在巨人的肩膀上。"因此，统信 UOS 选择 Linux 也是非常自然的。

第 **03** 章

# 统信 UOS 的安装

使用统信 UOS 的前提是将它安装到计算机，本章主要介绍安装统信 UOS 的相关知识，包括操作系统安装的基础知识、配置要求、常见安装方式以及硬件设备的驱动程序安装。

# 3.1 操作系统安装的基础知识

当前操作系统的安装方式比较简单，一般按照界面提示就能完成安装。但是如果基本输入输出系统（Basic Input Output System，BIOS）和分区等设置错误，可能会导致操作系统安装失败。以下内容介绍操作系统安装的基础知识。

## 3.1.1 BIOS 概述

BIOS 是一种业界标准的固件接口，它本身是一组固化到计算机主板上的程序集合，包括基本输入输出的程序、开机后自检程序以及系统自启动程序等。

因为 BIOS 是计算机通电后第一个运行的程序，所以 BIOS 为计算机提供最底层的、最直接的硬件设置和控制。它主要有以下 3 个功能：第一是通电自检，即检查计算机硬件，包括 CPU、内存、硬盘、串口、并口等是否损坏，如果损坏则发出警报；第二是初始化，主要是创建中断向量、设置寄存器、设定硬件参数等，还要负责引导，执行引导程序；第三是程序服务处理和硬件中断处理，主要是将一部分与硬件处理相关的接口提供给操作系统，并处理操作系统指令和硬件中断的内容。

## 3.1.2 UEFI 和 Legacy

因为硬件发展迅速，传统 BIOS 已成为进步的"包袱"，现在已发展出最新的统一可扩展固件接口（Unified Extensible Firmware Interface，UEFI）。UEFI 是传统 BIOS 的替代产物，相比传统 BIOS，UEFI 在安全性、大容量硬盘支持、启动项管理、人机操作支持方面有明显的优势，所以未来 UEFI 将更为盛行。

自 UEFI 这种新型的 BIOS 架构推出以后，为了与之区分，传统 BIOS 被称为 Legacy。

## 3.1.3 分区和分区表

硬盘作为计算机主要的外部存储设备，通常具备比较大的存储空间（如 256GB、512GB、1TB 等）。为了有效利用、方便管理如此大的存储空间，一般采用硬盘分区的方式将硬盘拆分成一个或多个逻辑存储单元，一个逻辑存储单元即一个分区。根据分区方式的不同，在硬盘进行分区时需要在硬盘上记录不同的索引数据，用以维护硬盘上的分区信息（包括位置、大小等），这个索引数据就是我们所说的分区表。常见的分区表有主引导记录（Master Boot Record，MBR）分区表和全局唯一标识磁盘分区表（GUID Partition Table，GPT）。

## 3.1.4 MBR 和 GPT

使用 Legacy 引导模式必须使用 MBR 分区表才能引导系统。MBR 分区表指的是 512B 的 MBR 中的分区表，由于大小限制，其中只能存有最多 4 个分区（也是 4 个主分区）

的描述。除此之外，MBR 硬盘模式不能管理容量超过 2TB 的大硬盘。

在使用 Legacy 和 MBR 启动方式时需要注意以下几个问题。

- 主分区和扩展分区最多只有 4 个。
- 扩展分区最多只能有 1 个。
- 逻辑分区是由扩展分区"切割"出来的分区。
- 只有主分区和逻辑分区才能被格式化后作为数据访问的分区。
- Linux 操作系统默认将 1 ~ 4 作为主分区或扩展分区的序号，逻辑分区的序号从 5 开始。

GPT 是一个实体硬盘的分区表的结构布局标准，是可扩展固件接口（Extensible Firmware Interface，EFI）标准，用于替代 BIOS 中的 64bit 存储逻辑块地址和大小信息的 MBR 分区表。与普遍使用的 MBR 分区方案相比，GPT 提供了更加灵活的磁盘分区机制。

在安装统信 UOS 时推荐使用 UEFI 与 GPT，使用时需要添加一块特定的 EFI 文件系统分区来作为启动时的引导分区。

## 3.1.5 文件系统

文件系统定义了操作系统在存储设备上进行文件和数据管理的机制，它本身是一种非常特殊的软件，通常与操作系统内核密不可分。

统信 UOS 支持 16 种文件系统，分别是 BFS、Btrfs、Cramfs、exFAT、ext2、ext3、ext4、FAT、JFS、MINIX、MS-DOS、NILFS2、NTFS、ReiserFS、VFAT 以及 XFS。如果要挂载文件或分区到操作系统上，需要对文件或分区进行格式化后再挂载。常用的文件系统有 ext3、ext4、XFS 以及 NTFS，下面以这几种文件系统为例进行讲解。

ext4 是对 ext3 的扩展，其中 ext4 具有以下优势。

- 与 ext3 相比，ext4 增加了日志功能，大大增加了文件系统的可靠性。
- ext4 兼容 ext3，ext3 能够在线迁移到 ext4。
- 较之 ext3 目前所支持的最大 16TB 存储空间和最大 2TB 单个文件，ext4 支持最大 1EB（1EB = 1048576TB，1EB=1024PB，1PB=1024TB）存储空间和最大 16TB 的单个文件。

将文件格式化为 ext4 的命令为 $mkfs -t ext4 test.img 或 $mkfs.ext4 test.img。

> **提示** 用户可在启动器中找到终端 ▶_，单击打开界面，在界面中输入命令，按【Enter】键确认使用命令。

XFS 是一种高性能文件系统，当用户数据量较大、需要结构化伸缩性和稳定性时，XFS 就成为很好的选择。XFS 的许多独特的性能提升功能使它从众多文件系统中脱颖而出，如可伸缩 / 并行输入输出、元数据日志、热碎片整理、输入输出暂停 / 恢复以及延迟分配等。将文件格式化为 XFS 的命令为 $mkfs -t xfs test.img 或 $mkfs.xfs test.img。

NTFS 的优点如下。

- 有更安全的文件保障功能，提供文件加密，能够大大提高信息的安全性。
- 有更好的磁盘压缩功能。
- 支持磁盘配额，通过磁盘配额可以管理和控制每个用户所能使用的最大磁盘空间。

在统信 UOS 中，建议 NTFS 只在临时接入的外部设备（如 U 盘中有数据，想使用但不想格式化）无法识别时使用，可以直接将外接设备挂载成 NTFS，操作命令为 `mount -t ntfs /dev/xvdb5 /mnt`。

### 3.1.6 挂载点

与 Windows 操作系统目录树不同的是，Linux 并没有采用硬盘分区盘符来区分硬盘分区。在 Linux 操作系统中有独特的文件系统结构层次和挂载点等概念。

挂载点是 Linux 操作系统中的磁盘文件系统的入口目录，Linux 操作系统中的第一层结构叫作根（root）目录，使用"/"表示。在文件层次结构标准（Filesystem Hierarchy Standard，FHS）中，所有的文件和目录都出现在根目录"/"下，即使它们存储在不同的物理设备中。常见挂载点与说明如表 3.1 所示。

**表 3.1　常见挂载点与说明**

| 挂载点 | 说明 |
| --- | --- |
| / | 根目录，这是 Linux 操作系统中唯一必须挂载的目录，也是 Linux 操作系统的最顶层目录，称为文件系统的根 |
| /boot | 存放与 Linux 启动相关的程序 |
| /home | 用户目录，存放普通用户的数据 |
| /tmp | 存放临时文件 |
| /usr | 应用程序所在目录，一般情况下计算机上的软件都装在这个目录下 |
| /etc | 各种配置文件所在的目录 |
| /var | 用于存放日志文件或磁盘读写率比较高的文件 |

## 3.2 配置要求

安装前需要确保计算机满足表 3.2 所示的配置要求，如果低于该配置要求，用户将无法很好地体验统信桌面操作系统。

**表 3.2　配置要求**

| 硬件名称 | 配置要求 |
| --- | --- |
| 处理器 | 2.0GHz 多核或主频更高的处理器（推荐奔腾 4 2.4GHz 或主频更高的处理器，以及任意 AMD64 或 x86-64 处理器） |
| 主内存 | 4GB 或更高的物理内存 |
| 硬盘 | 64GB 或更多可用硬盘空间 |
| 显卡 | 推荐 1024×768 或更高的屏幕分辨率 |
| 声卡 | 支持大部分现代声卡 |

用户可以从 CD/DVD 驱动器、USB 引导或预启动执行环境（Preboot eXecution Environment，PXE）加载统信 UOS 进行安装，个人用户推荐使用 USB 引导 U 盘的方式进行安装。

## 3.3 常见安装方式

本节主要介绍几种常见的统信 UOS 安装方式，分别是在虚拟机中安装、在 Windows 操作系统中安装以及在物理机中安装。

### 3.3.1 在虚拟机中安装

虚拟机的种类有很多，如 VMware、VirtualBox 等，但在里面安装统信 UOS 的步骤大同小异。此处以 VMware 虚拟机为例讲解如何在虚拟机中安装统信 UOS，具体操作步骤如下。

**01** 打开 VMware 虚拟机，在首页单击【创建新的虚拟机】。弹出【新建虚拟机向导】窗口，单击【下一步】按钮，如图 3.1 所示。

**02** 选择推荐的硬件兼容性，单击【下一步】按钮，如图 3.2 所示。

图 3.1　新建虚拟机

图 3.2　虚拟机硬件兼容性

**03** 使用推荐的安装来源，单击【下一步】按钮，如图 3.3 所示。

**04** 选择 Linux 操作系统和版本，单击【下一步】按钮，如图 3.4 所示。

**05** 设置虚拟机名称和位置，单击【下一步】按钮，如图 3.5 所示。

**06** 设置处理器数量和每个处理器的内核数量，单击【下一步】按钮，如图 3.6 所示。

**07** 根据统信 UOS 安装的配置要求，选择内存大小，单击【下一步】按钮，如图 3.7 所示。

**08** 选择推荐的网络类型，单击【下一步】按钮，如图 3.8 所示。

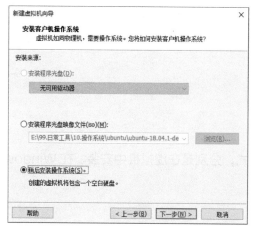

图 3.3　选择安装来源

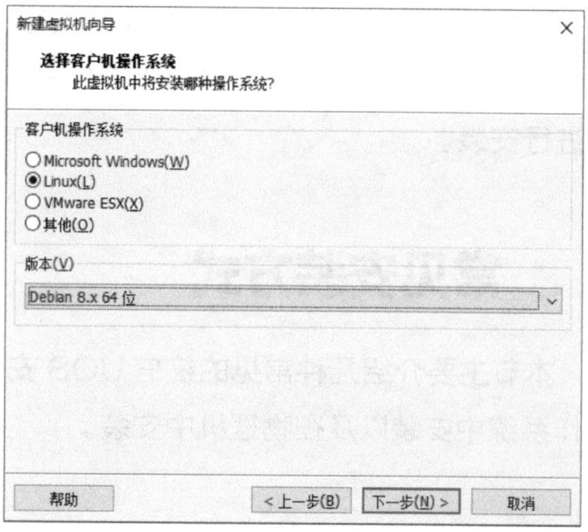

图 3.4　选择 Linux 操作系统

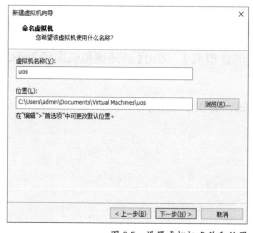

图 3.5　设置虚拟机名称和位置

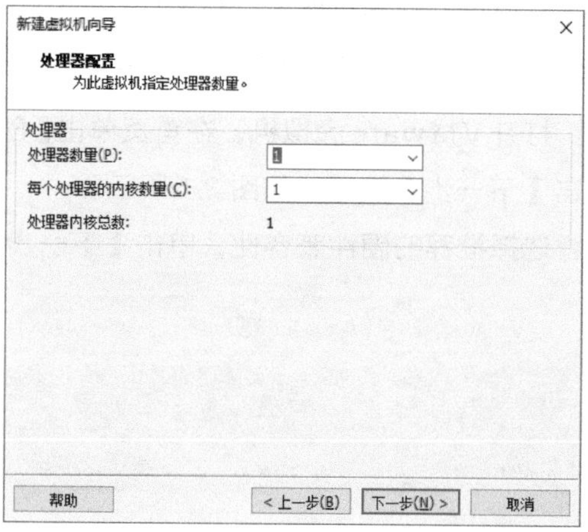

图 3.6　处理器配置

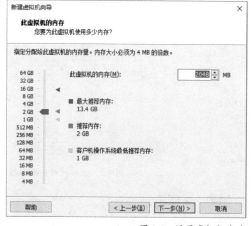

图 3.7　设置虚拟机内存

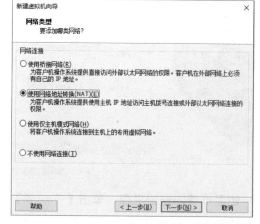

图 3.8　选择网络类型

**09** 选择推荐的 SCSI 控制器，单击【下一步】按钮，如图 3.9 所示。

**10** 选择推荐的虚拟磁盘类型，单击【下一步】按钮，如图 3.10 所示。

**11** 选择推荐的磁盘，单击【下一步】按钮，如图 3.11 所示。

图 3.9　选择 SCSI 控制器

图 3.10　选择虚拟磁盘类型

⓬ 创建新虚拟磁盘后，根据实际需求设置最大磁盘大小，选择"将虚拟磁盘拆分成多个文件"，单击【下一步】按钮，如图 3.12 所示。

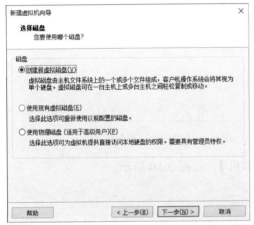

图 3.11　创建新虚拟磁盘

图 3.12　设置虚拟机磁盘大小

⓭ 选择推荐的存储磁盘文件位置，单击【下一步】按钮，如图 3.13 所示。

⓮ 单击【自定义硬件】按钮，选择 ISO 镜像，如图 3.14 所示。

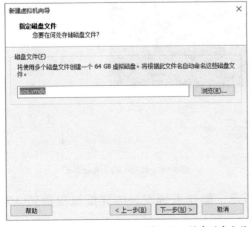

图 3.13　创建磁盘文件

图 3.14　自定义硬件

**15** 在虚拟机设置界面添加统信 UOS 镜像文件后，单击【确定】按钮，如图 3.15 所示。

图 3.15　选择统信 UOS 镜像文件

**16** 进入统信 UOS 启动界面，单击【开启此虚拟机】，如图 3.16 所示。

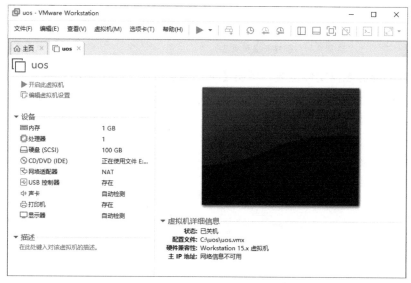

图 3.16　统信 UOS 启动界面

**17** 进入操作系统开始安装界面，如图 3.17 所示，操作系统安装的详细过程参见 3.3.3 小节。

图 3.17　开始安装界面

## 3.3.2 在 Windows 操作系统中安装

　　每个操作系统都有自身的特点，安装双操作系统可以满足用户不同的需求。下面主要介绍在 Windows 操作系统中安装统信 UOS。

　　如果计算机的 Windows 操作系统中只有一块磁盘，需要在【磁盘管理】中进行磁盘分区，使用新的分区来安装统信 UOS。分区的详细操作介绍如下。

**01** 在 Windows 操作系统的开始菜单中右键单击【计算机】，选择【管理】，如图 3.18 所示。

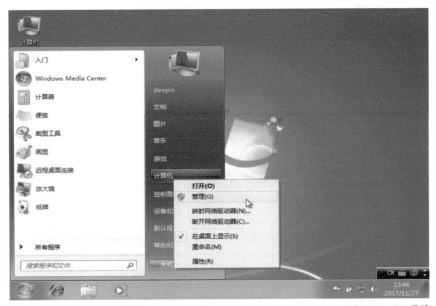

图 3.18　开始菜单

**02** 单击【磁盘管理】，可看到当前没有单独的空白分区，如图 3.19 所示，因为需安装双操作系统，所以需要从别的磁盘中压缩出新分区。

**03** 右键单击容量大的分区（这里为 C 盘为例），选择【压缩卷】，如图 3.20 所示。

**04** 弹出压缩对话框，可看到当前可用压缩空间大小，输入压缩空间量，如图 3.21 所示。单击【压缩】按钮，可看到已压缩出来的新分区为"24.59GB"，如图 3.22 所示。

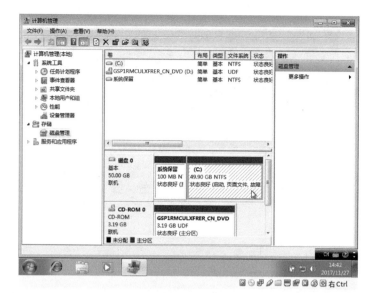

图 3.19　分区详情

图 3.20　选择压缩卷

图 3.21　设置压缩空间

图 3.22　新分区

**05** 右键单击新的分区后选择【新建简单卷】，如图 3.23 所示。在弹出的欢迎使用新建简单卷向导对话框单击【下一步】按钮，如图 3.24 所示。

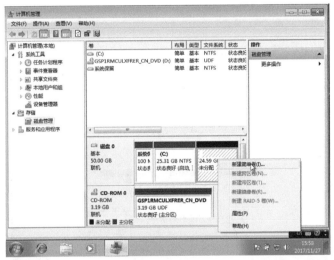

图 3.23　新建简单卷

**06** 设置驱动器号，这里使用默认驱动器号，单击【下一步】按钮，如图 3.25 所示。

**07** 设置简单卷大小，单击【下一步】按钮，如图 3.26 所示。

**08** 格式化分区，单击【下一步】按钮，如图 3.27 所示。

**09** 完成新建简单卷向导，单击【完成】按钮，如图 3.28 所示。

**10** 新加卷 E 盘已经创建完成，可以用来安装统信 UOS，如图 3.29 所示，安装的详细过程参见 3.3.3 小节。

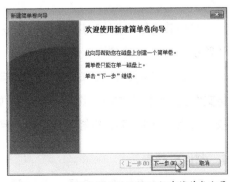

图 3.24　欢迎使用新建简单卷向导

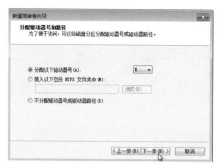

图 3.25　设置驱动器号

图 3.26　设置简单卷大小

图 3.27　格式化分区

图 3.28　完成新建简单卷向导

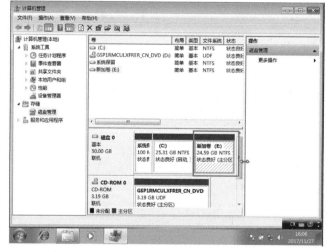

图 3.29　新加卷

### 3.3.3 在物理机中安装

　　本小节主要讲解如何在物理机中安装统信 UOS，物理机指的是有完整硬件系统的实体计算机，如个人计算机、服务器等。

　　在安装前需要准备好安装的设备和启动盘。启动盘又称安装启动盘，它是写入了操作系统镜像文件且具有特殊功能的移动存储介质（如 U 盘、光盘、移动硬盘以及早期的软盘），主要用来在操作系统"崩溃"时进行修复或重装。启动盘可以通过统信 UOS 的启动盘制作工具进行制作。

### 1. 制作启动盘

　　制作启动盘前需要准备一个容量不小于 8GB 的 U 盘，然后在统信软件官方网站下载镜像文件和启动盘制作工具。

启动盘制作工具🔲是统信软件开发的一款启动盘制作工具，界面简洁、操作简单，使用它可以快速地制作启动盘。下面以制作 U 盘启动盘为例，详细介绍使用启动盘制作工具制作启动盘的操作步骤。

**01** 将 U 盘插入计算机的 USB 接口，运行启动盘制作工具。

**02** 单击【请选择光盘镜像文件】，在弹出的对话框中选择统信 UOS 镜像文件，或将镜像文件拖曳到启动盘制作工具界面上，单击【下一步】按钮，如图 3.30 所示。

**03** 在界面上选择插入的 U 盘，单击【开始制作】按钮，即可开始制作启动盘，直至制作完成，如图 3.31 所示。

图 3.30　启动盘制作工具界面

图 3.31　制作启动盘

> **注意**　（1）制作启动盘前需要提前备份 U 盘中的数据，制作时可能会清除 U 盘中的所有数据。
> （2）制作前建议将 U 盘格式化为 FAT32 格式，以提高识别率。
> （3）部分 U 盘实际上是移动硬盘，因此在制作启动盘时启动盘制作工具无法识别，需要更换为常规的 U 盘。
> （4）U 盘容量大小不得小于 8GB，否则无法成功制作启动盘。
> （5）在制作启动盘的过程中，不要移除 U 盘，以防数据损坏或丢失。

## 2. 安装过程

此处以使用 U 盘启动盘安装统信 UOS 为例，详细介绍统信 UOS 的安装过程。

（1）安装引导

**01** 在计算机上插入已经制作好的 U 盘启动盘。

**02** 启动计算机，按快捷键（如 F2），进入 BIOS 设置界面，将 U 盘设置为第一启动项并保存设置（不同的主板，设置的方式不同）。重启计算机，即可从 U 盘引导进入统信 UOS 的 Boot menu 界面。

> **提示**　不同类型的计算机，进入 BIOS 设置界面的快捷键可能不同，可以参考表 3.3 所示的启动快捷键启动计算机。

**表 3.3　进入 BIOS 设置界面的快捷键**

| 计算机类型 | 快捷键 |
| --- | --- |
| 一般台式计算机 | 【Delete】键 |
| 一般笔记本电脑 | 【F2】键 |
| 惠普笔记本电脑 | 【F10】键 |
| 联想笔记本电脑 | 【F12】键 |
| 苹果笔记本电脑 | 【C】键 |

**03** 在 Boot menu 界面系统默认选中【Install UOS 20 desktop】，如图 3.32 所示。

图 3.32　Boot menu 界面

> **说明**　在 Boot menu 界面，按【↓】键可以选择【Check iso md5sum】，校验系统完整性。

（2）选择语言

**01** 倒计时 5 秒结束后，在安装界面可选择安装器语言，系统会根据用户选择的不同而显示不同语言，默认选择的语言为【简体中文】。

**02** 选择安装器语言后进入请选择您的语言界面，选择需要安装的操作系统语言，这里以简体中文为例，勾选用户许可协议，单击【下一步】按钮。

**03** 如果单击右上角的【关闭】按钮，可进入终止安装界面，如图 3.33 所示，单击【继续安装】将返回上一个界面。单击【终止安装】将取消本次安装。

图 3.33　终止安装

> **说明** 在操作系统安装之前，如果用户需要退出安装器，界面右上角会一直显示关闭按钮 ▓，用户可以随时终止操作系统的安装，此操作不会对当前磁盘和操作系统产生任何影响。

### （3）选择安装位置

选择系统安装语言后进入选择安装位置界面，统信 UOS 支持手动安装和全盘安装两种安装类型。用户可通过手动安装、全盘安装对单块或多块硬盘进行分区和系统安装。磁盘分区界面会显示当前磁盘的分区情况和已使用空间 / 可用空间的情况。

> **注意** 在 Windows 操作系统中再安装统信 UOS，分区时可以看到【Windows 操作系统】的标识，切记不要覆盖 Windows 分区。

#### ① 手动安装

在选择安装位置界面默认选择【手动安装】。下面以单块硬盘系统为例，详细介绍手动安装过程，包括选择硬盘、新建分区、删除分区等操作，操作过程可供多块硬盘系统参考。

> **提示** 引导器默认安装到根分区所在的硬盘，安装到其他分区是为了保留引导配置文件，安装到其他硬盘是为了调整多硬盘的引导位置以适应 BIOS 的启动顺序，一般使用默认配置即可。

**01** 在手动安装界面，当程序检测到当前设备只有一块硬盘时，安装列表相应只显示一块硬盘，选中磁盘并单击右侧的新增按钮 🔘，如图 3.34 所示。

图 3.34　选择安装位置

**02** 在新建分区界面自定义设置分区类型、位置、文件系统、挂载点以及大小，如图 3.35 所示。在文件系统的下拉列表中可以选择 ext4、ext3、交换分区等；在挂载点下拉列表中可以选择不同的挂载点，如 /、/home、/var 等。单击【新建】按钮，即可新建分区。

**03** 在选择安装位置界面可以看到新建的分区。选中新建的分区，单击新建分区末尾的删除按钮 🔘，即可直接删除选中的分区，如图 3.36 所示。删除后的分区会变成空白分区，可以进行其他分区操作。

图 3.35　新建分区

图 3.36　删除分区

> **注意**（1）当 UEFI 引导磁盘格式为 GPT 时，分区类型全部为主分区。
>
> （2）当 Legacy 引导磁盘格式为 MS-DOS 时，硬盘上最多只能划分 4 个主分区，主分区用完后可以使用逻辑分区。
>
> （3）在选择安装位置界面进行的新建分区、删除分区操作只是对虚拟分区的操作，不会影响到物理硬盘分区和操作系统。

**04** 在手动安装界面有修改引导器，单击【修改引导器】按钮后，进入选择引导安装位置界面，一般使用默认推荐即可，如图 3.37 所示。

图 3.37　选择引导安装位置

② 全盘安装

下面以单块硬盘系统为例，详细介绍全盘安装的安装过程，操作步骤可供多块硬盘系统参考。

**01** 当系统检测到当前设备只有一块硬盘时，硬盘图标会在界面居中显示，选中硬盘后系统将使用默认的分区方案对磁盘进行分区，如图 3.38 所示。

> **注意** 使用多硬盘进行全盘安装时，选中系统盘后，界面会显示除系统盘之外的所有盘。

图 3.38　单块硬盘

**02** 在界面下部有【加密该磁盘】选项，勾选后，单击【下一步】按钮，将进入加密该磁盘界面，输入安全密钥并确认安全密钥，如图 3.39 所示。

图 3.39　加密该磁盘

**03** 全盘加密安装成功后，在系统启动时界面会出现密码框，如图 3.40 所示，输入正确的密码即可正常登录系统。

（4）准备安装

完成分区后，单击【开始安装】按钮，进入准备安装界面，如图 3.41 所示，在准备安装界面会显示分区信息和相关警告提示信息。用户确认相关信息后，单击【继续】按钮，将进入正在安装界面。

图 3.40　输入密码

图 3.41　准备安装

> **说明** 请备份好重要数据，以免安装过程中数据被覆盖或丢失。

（5）返回机制

选择安装位置界面进行新建分区等操作过程中，左上角会出现返回按钮■，单击即可返回到选择安装位置界面。

> **注意** 在 Boot menu 界面和正在安装界面，返回按钮■和关闭按钮■会自动隐藏。

（6）安装成功

在正在安装界面，系统将自动安装统信 UOS 直至安装完成。在安装过程中，系统会展示当前安装的进度状况，介绍系统的新功能和新特色，如图 3.42 所示。

安装成功后，可以单击【立即体验】按钮，如图 3.43 所示，系统会自动重启以进入统信 UOS。

图 3.42　正在安装

图 3.43　安装成功

（7）安装失败

如果系统安装失败了，会出现安装失败提示信息。用户可以通过手机扫描安装失败二维码，将失败日志反馈到服务器并留下邮箱，以便于联系，如图 3.44 所示。

单击二维码区域右上角可查看安装失败详情，如图 3.45 所示。

图 3.44　安装失败二维码

图 3.45　安装失败详情

单击【保存日志】按钮进入保存日志界面，将错误日志保存到储存设备中，以方便技术工程师更好地解决问题，如图 3.46 所示。

> **注意** 保存日志时，系统只能识别外置 U 盘或硬盘，并不能识别当前系统盘和系统安装启动盘。

### 3. 初始化设置

当统信 UOS 安装成功后，需要对操作系统进行初始设置，如选择时区、设置时间、创建用户等。

（1）选择时区

首次启动会先进入选择时区界面，在选择时区界面可通过地图模式和列表模式选择时区。

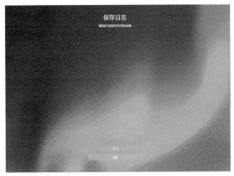

图 3.46　保存日志

**01** 在地图模式下，用户可以在地图上单击选择自己所在的国家或地区，安装器会根据选择显示相应国家或地区的城市。如果单击区域有多个国家或地区时，会以列表的形式显示多个城市的列表，用户可以在列表中选择城市。

**02** 在列表模式下，用户可以先选择所在的区域再选择自己所在的城市，如选择"亚洲 –上海"。

（2）设置时间

在选择时区界面，单击左下角【时间设置】，可以手动设置时间，如图 3.47 所示。

图 3.47　设置时间

（3）创建用户

完成时区设置后单击【下一步】按钮后会进入创建用户界面，在创建用户界面可以设置用户头像、用户名、计算机名、密码等，如图 3.48 所示。

图 3.48　创建用户

单击界面左下角的键盘布局按钮，在键盘布局界面，用户可以自定义设置键盘布局并在测试区域对键盘进行测试，默认选择的键盘布局为"汉语"。选择键盘布局后，返回图 3.48 所示的创建用户界面，单击【下一步】按钮，进入优化系统配置界面。

（4）登录系统

系统自动优化配置完成后会进入图 3.49 所示的登录界面，输入正确的密码后，可以直接进入图 3.50 所示的操作系统界面开始体验统信 UOS。

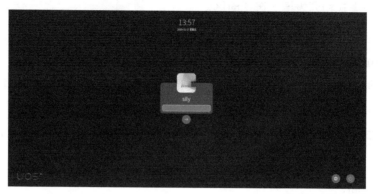

图 3.49　登录界面

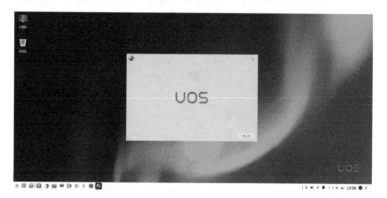

图 3.50　操作系统界面

# 3.4　硬件设备的驱动程序安装

驱动程序是硬件设备与操作系统之间的桥梁，没有驱动程序，再"强大"的硬件设备也无法发挥作用。本节主要介绍统信 UOS 中几种常用的硬件设备驱动程序的安装。

### 3.4.1　显卡驱动程序安装

本小节主要介绍统信 UOS 中的 AMD 显卡驱动程序的安装和 NVIDIA 显卡驱动程序的安装。

**1. AMD 显卡驱动程序安装**

统信 UOS 内核模块中集成了 AMD 显卡开源驱动程序，AMD 显卡开源驱动程序性能不错，可满足日常的办公需求。但是如果想要在统信 UOS 中玩游戏，建议安装 mesa-vulkan-drivers 驱动程序包，在终端中执行 `sudo apt-get install mesa-vulkan-drivers` 命令即可进行安装。

　　用户可以通过类比 Windows 操作系统中的 DirectX 来理解 Mesa。通常大型 3D 游戏在 Windows 操作系统上运行都需要 DirectX。DirectX 是一种应用程序接口（Application Programming Interface，API），可以让 Windows 平台的游戏或多媒体等应用程序获得更高的执行效率，加强 3D 图形和声音的效果。同时，DirectX 给设计人员提供一个共同的硬件驱动程序标准，让游戏开发者不必为每一品牌的硬件开发不同的驱动程序，也降低了用户安装和设置硬件的复杂度。但是 DirectX 是 Windows 操作系统独有的，在 Linux 上都是使用跨平台的开放图形 API 如 OpenGL、Vulkan 等。这些图形 API 仅仅定义了标准，还需要具体的实现。Mesa 就是 Linux 平台上的各种开放图形 API 的具体实现，包含著名的 OpenGL 和 Vulkan，可以类比为 Windows 操作系统上的 DirectX。mesa-vulkan-drivers 就是 Mesa 提供的开放图形 API 的 Vulkan 的实现包。

## 2. NVIDIA 显卡驱动程序安装

　　统信 UOS 中默认安装的是 NVIDIA 的开源驱动程序 Nouveau，但是 NVIDIA 的开源驱动程序性能较差，无法发挥显卡的实际能力，所以需要安装 NVIDIA 的闭源驱动程序。安装的操作步骤如下。

**01** 单击屏幕左下角的启动器按钮 ❁ ，进入启动器界面。上下滚动鼠标滚轮浏览或通过搜索找到应用商店图标▓，单击打开应用商店。

**02** 在应用商店中搜索找到"显卡驱动管理器"，并单击【安装】按钮，如图 3.51 所示。

图 3.51　显卡驱动管理器

**03** 在启动器中找到并打开显卡驱动管理器，选择【使用闭源驱动】，单击【确定】按钮，即可完成安装，如图 3.52 所示。

图 3.52　显卡驱动管理器

> **说明**　除了可以在应用商店安装 NVIDIA 显卡驱动程序外，在终端中执行 sudo apt install nvidia-driver 命令也可以安装。

## 3.4.2　无线网卡驱动程序安装

使用无线网卡的前提是操作系统中安装了 wireless-tools 软件包，统信 UOS 中就预装了这个软件包，正常情况下不需要再去安装。如果有意外的情况，也可以在终端中执行 `sudo apt-get install wireless-tools` 命令重新进行安装。

如果无线网卡还是无法使用或无法被检测到，那么可以安装 firmware-linux-nonfree 和 firmware-atheros 这两个软件包来尝试解决。在终端中执行 `sudo apt-get install firmware-linux-nonfree firmware-atheros` 命令即可进行安装。

部分无线网卡已经可以免驱动程序在各平台运行。如果网卡驱动程序在统信 UOS 上无法正常使用，可以根据网卡或芯片组型号在 Debian 官方网站上找到相应的解决办法。很多设备已经通过 Debian 或社区人员的测试，确认可以使用。下面以解决 USB 无线网卡无法使用问题为例，来讲解如何通过 Debian 官方网站寻找到解决方法。

**01** 在终端中执行 `lsusb` 命令查看芯片组，如图 3.53 所示。

```
→ ~ lsusb |grep -i wireless
Bus 001 Device 007: ID 0846:9030 NetGear, Inc. WNA1100 Wireless-N 150 [Atheros AR9271]
→ ~ |
```

图 3.53　查看芯片组

**02** 在 Debian 官方网站上搜索芯片组"AR9271"。

**03** 找到这个芯片组的信息，单击对应的帮助页面（help page），即可查看到针对该问题一系列的解决方法，如本例中问题的解决方法是为此驱动程序安装 firmware-atheros 包，如图 3.54 所示。

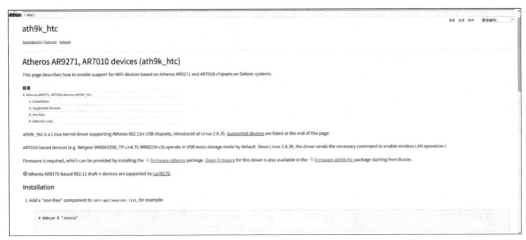

图 3.54　解决方法

### 3.4.3 蓝牙驱动程序安装

蓝牙设备无法使用时可通过如下方法解决。

**01** 在终端中执行 `systemctl status bluetooth.service` 命令查看蓝牙的服务是否为启用的状态。如果是未启用状态，执行 `systemctl start bluetooth.service` 命令即可启用。

**02** 在终端中执行 `lsmod | grep blue` 命令查看内核有无加载模块。如果有输出，代表内核加载了蓝牙模块；如果没有输出，则执行 `modprobe btusb` 命令加载内核模块。

**03** 执行了上面的操作后如果蓝牙还是无法使用，就需要重装蓝牙驱动程序。根据不同的芯片组下载不同的固件，并放进 /lib/firmware 相应的目录下。如在 GitHub 官网下载 Qualcomm 802.11ac mac80211 设备的 ath10k 固件文件，按型号将固件文件放到 /lib/firmware/ath10k 相应的目录下即可。

> **说明** 不同型号的固件文件的下载和安装方式不同，以硬件设备官方的指导为准。

# 第 04 章

# 登录与激活操作系统

用户登录并激活统信 UOS 后，才能使用操作系统的所有功能，体验操作系统提供的更多服务。

# 4.1 启动

按开机键后，计算机首先由 BIOS/UEFI 进行初始化，BIOS/UEFI 将整个控制权交给启动项引导器来加载操作系统。在统信 UOS 中由"GRand Unified Bootloader"（GRUB）来启动内核和整个操作系统。

## 4.1.1 GRUB 简介

GRUB 是 GNU 自由软件基金会下开源的多启动项系统引导程序。它的主要特点是开源、可控、功能稳定、更新周期缓慢。

统信 UOS 的启动过程如图 4.1 所示。

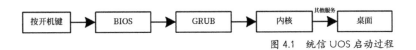

图 4.1　统信 UOS 启动过程

在统信 UOS 启动阶段，GRUB 从 BIOS/UEFI 接管控制权，先进行自身的加载和运行，再将 Linux 内核加载到内存中，最后将控制权移交给 Linux 内核。

GRUB 在启动过程中的作用如下。

- 识别 Linux 内核。
- 根据用户选择或者配置信息加载内核。
- 提供内核运行需要的所有参数。
- 将控制权移交给内核。

GRUB 可以让用户选择引导的内核，或选择引导的操作系统。GRUB 支持引导多种操作系统，如其他 Linux 发行版或 Windows 操作系统。

## 4.1.2 使用 GRUB 启动

通常统信 UOS 完成安装后，就附带安装了 GRUB。为了易于使用，统信 UOS 对 GRUB 的主题进行了定制和美化；为了适用不同厂商的固件，统信 UOS 也对 GRUB 进行了修改。

### 1. GRUB 菜单

GRUB 菜单允许用户对启动的操作系统和内核进行选择。GRUB 界面设定了倒计时，倒计时结束当用户不做任何选择时，将以默认配置启动，如图 4.2 所示。

按【↑】键或【↓】键可选择不同的选项，按【Enter】键即可进行确认。

为了避免因软件缺陷、硬件损毁、人为操作不当、黑客攻击、计算机病毒、自然灾害等因素造成数据丢失或损坏，统信 UOS 对升级预留了回退和备份还原（Recovery）功能，来保障操作系统的正常运行。

若操作系统安装了不同版本的 Linux 内核，可根据实际情况进行选择，如图 4.3 所示。

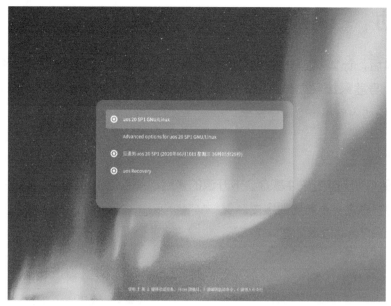

图 4.2　GRUB 菜单

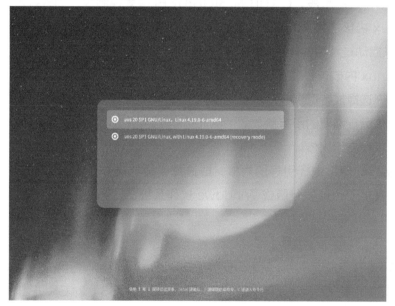

图 4.3　选择 Linux 内核

## 2. GRUB 配置文件

　　GRUB 的配置文件中定义了一系列待使用的值，如倒计时时间、启动的设备路径以及默认的启动项。GRUB 会读取配置文件并按照配置进行加载。

　　当操作系统启动到 GRUB 界面时，在对应的启动项上按【E】键进入编辑页面，可对启动项信息进行修改。

　　当完成编辑后，按【F10】键或快捷键【Ctrl】+【X】，即可使用修改后的参数启动操作系统。这种方式不会永久保存配置文件，只适合临时性修改，如图 4.4 所示。

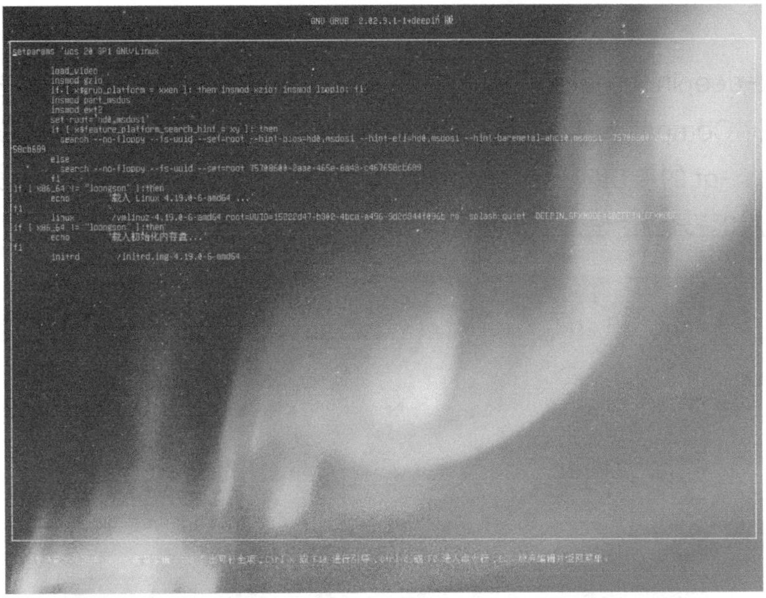

图 4.4 修改配置文件

### 3. 使用 GRUB 启动 Windows 操作系统

GRUB 可用于启动多个操作系统，包括 Windows 操作系统。采用 UEFI 方式安装统信 UOS 时，如果原有操作系统是 Windows，可通过手动分区将原 Windows 的 EFI 分区挂载到统信 UOS 的 /boot/efi 路径下，GRUB 可以自动识别该启动项，从而可以在 GRUB 界面选择启动 Windows 操作系统。

# 4.2 登录

启动计算机后默认进入统信 UOS，所有用户都必须被认证后才能登录操作系统。启动操作系统后，系统会提示用户输入用户名和密码，即安装操作系统时创建的用户名和密码。

## 4.2.1 图形化登录界面 LightDM

LightDM 是一个跨平台的显示管理器，由 Ubuntu 团队开发，提供给 Ubuntu 的 Unity 桌面环境作为显示管理器。

LightDM 的特点如下。

- 跨桌面、支持多种显示技术、轻量级、支持定制回话和支持远程登录等。
- 可以启动任意桌面环境、支持 X11 和 Wayland 显示服务器等。
- 低内存。

LightDM 采用了界面和接口分离的设计，界面被称为 greeter，接口则是 LightDM 封装的 PAM 模块和 org.freedesktop.login1 的接口，可以获取和设置相关用户的会话数据。

LightDM 的稳定版的次版本号是偶数的（如 1.8、1.10），开发版的次版本号是奇数的（如 1.9、1.11）。

## 4.2.2 认识 LightDM-deepin-greeter 登录界面

LightDM-deepin-greeter 指的是统信 UOS 的登录界面，它提供了用户交互接口。程序基于 Qt（Qt Company 开发的跨平台 C++ 图形用户界面应用程序开发框架）开发，通过调用 lightdm-qt 的接口实现可插拔认证模块（Pluggable Authentication Modules，PAM）的认证和登录会话设置，如图 4.5 所示。

图 4.5 主界面

greeter 具备切换桌面环境、切换用户以及电源操作等功能。LightDM 给予 greeter 很大的自由权，greeter 是独立存在的二进制文件，这样的好处是 greeter 不会和 LightDM 的版本存在耦合。认证用户的接口是 Linux 的 PAM 接口，同样也是标准接口。

### 1. 切换桌面环境

单击右下角的切换桌面环境按钮，会弹出桌面环境列表，选择一个桌面环境后，操作系统会通过 lightdm-qt 的接口设置用户即将启动的桌面环境，如图 4.6 所示。当只有一个桌面环境可选时，切换桌面环境按钮将自动隐藏。

图 4.6 切换桌面环境

### 2. 切换用户

单击切换用户按钮，会弹出用户列表，可以选择认证的用户，当认证通过后，LightDM 就会使用该用户的权限启动桌面环境，如图 4.7 所示。当只有一个用户可选时，切换用户按钮将自动隐藏。

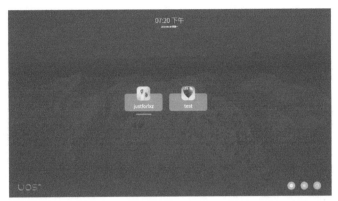

图 4.7　切换用户

### 3. 电源操作

单击电源操作按钮，会弹出电源操作相关的列表，包含关机、重启、待机以及休眠，如图 4.8 所示。

图 4.8　电源操作

### 4.2.3 登录到桌面环境

当操作系统正常启动，初始化完成后将进入登录界面，如图 4.9 所示。

图 4.9　登录界面

输入密码后，进入桌面环境，如图 4.10 所示。

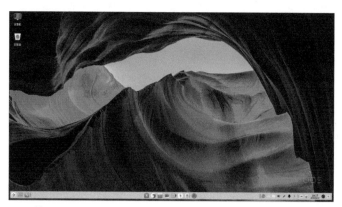

图 4.10　桌面环境

# 4.3 注册

注册网络账户并激活统信 UOS 后，系统会定期更新补丁，弥补系统漏洞，保证计算机使用的安全性，维护系统的安全。这里主要介绍如何注册网络账户，激活统信 UOS 的具体操作请参考 6.5.3 小节。

**01** 打开控制中心界面，选择【网络账户】，单击【登录】按钮，如图 4.11 所示。

**02** 弹出网络账户登录界面，如图 4.12 所示，单击【注册】，进入统信软件官网的账户注册界面，根据提示完成账户注册。

图 4.11　网络账户界面　　　　图 4.12　网络账户登录界面

注：图中的"帐户"应为"账户"，后文同。

# - 进阶篇 -

第 **05** 章

# 桌面环境

统信 UOS 是一款美观易用、安全可靠的桌面操作系统，预装了文件管理器、应用商店、看图、影院等一系列原生应用。使用统信 UOS，用户既能体验丰富多彩的娱乐生活，也可以满足日常工作的需要。

初次进入统信 UOS，操作系统会自动打开欢迎程序。用户可通过观看视频了解操作系统的功能，然后选择桌面样式和图标主题，开启窗口特效，进一步了解该操作系统，如图 5.1 所示。

图 5.1　系统欢迎程序

成功登录操作系统后，即可体验统信 UOS 桌面环境。桌面环境主要由桌面、任务栏、启动器、控制中心以及窗口管理器等组成，是使用该操作系统的基础，如图 5.2 所示。

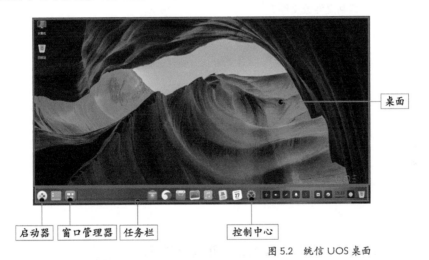

图 5.2　统信 UOS 桌面

# 5.1　桌面布局

桌面是指登录后可看到的主屏幕区域。在桌面上可以新建文件夹 / 文档、设置排序方式、自动整理文件以及调整图标大小等，如图 5.3 所示，还可以通过【发送到桌面】功能向桌面添加应用的快捷方式。

## 5.1.1　新建文件夹 / 文档

在桌面上可以新建文件夹或文档，还可以对文件进行常规操作，操作方法与在文件管理器中一样，具体操作方式如下。

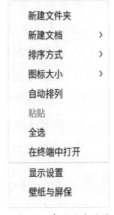

图 5.3　桌面区域设置

- 在桌面上单击鼠标右键，单击【新建文件夹】，输入新建文件夹的名称。
- 在桌面上单击鼠标右键，单击【新建文档】，选择新建文档的类型，输入新建文档的名称。
- 在桌面文件或文件夹上单击鼠标右键，如图 5.4 所示，可以使用文件管理器的相关功能。文件管理器的相关功能如表 5.1 所示。

图 5.4　右键快捷菜单

**表 5.1　文件管理器的相关功能**

| 功能 | 说明 |
| --- | --- |
| 打开 | 打开程序 |
| 打开方式 | 可以选定系统默认打开方式，也可以选择其他关联应用程序打开 |
| 剪切 | 移动文件或文件夹 |
| 复制 | 复制文件或文件夹 |
| 重命名 | 重命名文件或文件夹 |
| 删除 | 删除文件或文件夹 |
| 创建链接 | 创建一个快捷方式 |
| 刻录 | 插入光驱后，显示刻录，将数据刻录到光盘、CD 或 DVD 等介质中 |
| 标记信息 | 添加标记信息，以对文件或文件夹进行标签化管理 |
| 压缩 / 解压缩 | 压缩文件或文件夹，或对压缩文件进行解压 |
| 属性 | 查看文件或文件夹的基本信息、共享方式及其权限 |

### 5.1.2 设置排序方式

创建好文件夹或文档后，可以对桌面上的图标进行排序。设置排序方式的操作步骤如下。

**01** 在桌面上单击鼠标右键。

**02** 选择【排序方式】，如图 5.5 所示，其选项介绍如下。

◇ 选择【名称】，将按文件的名称顺序显示。

◇ 选择【修改时间】，将按文件的最近一次修改时间顺序显示。

◇ 选择【类型】，将按文件的类型顺序显示。

◇ 选择【大小】，将按文件的大小顺序显示。

图 5.5　设置排序方式

> **提示**　如果勾选【自动排列】，桌面图标将从上往下、从左往右按照当前的排序规则进行排列。有图标被删除时，后面的图标会自动向前填充。

### 5.1.3 调整图标大小

桌面上的图标大小可以根据需求进行调整，操作步骤如下。

**01** 在桌面上单击鼠标右键。

**02** 选择【图标大小】，如图 5.6 所示，可以将图标大小设置为极小、小、中、大或极大。

> **提示** 使用快捷键【Ctrl】+【+】/【-】或按住【Ctrl】+ 鼠标滚轮可以调整桌面和启动器中的图标大小。

图 5.6　调整图标大小

### 5.1.4 设置显示器

在桌面上可以快速进入控制中心，设置显示器的缩放比例、分辨率以及亮度等。进入控制中心具体操作步骤如下。

**01** 在桌面上单击鼠标右键。

**02** 单击【显示设置】，快速进入控制中心的显示设置界面。

> **说明** 关于显示的设置，具体操作请参阅 6.2.1 小节。

### 5.1.5 更改壁纸

选择一些精美、时尚的壁纸美化桌面，可以让计算机的显示与众不同。更改壁纸的具体操作步骤如下。

**01** 在桌面上单击鼠标右键。

**02** 单击【壁纸与屏保】，在桌面底部可以预览所有壁纸，如图 5.7 所示。

图 5.7　更改壁纸

**03** 选择某一壁纸后，壁纸就会在"桌面"和"锁屏"生效。

**04** 壁纸生效后，可以单击【仅设置桌面】或【仅设置锁屏】来控制壁纸的生效范围。

> **提示** 勾选【自动更换壁纸】可以设置自动更换壁纸的时间间隔，在"登录时"或"唤醒时"自动更换壁纸。如果想让喜欢的图片成为桌面壁纸，可以在图片查看器中进行设置。

### 5.1.6 设置屏保

屏幕保护（屏保）程序原本是为了保护显示器的显像管，现在一般用于个人计算机的隐私保护。设置屏保的操作步骤如下。

**01** 在桌面上单击鼠标右键。

**02** 单击【壁纸与屏保】，单击【屏保】，在桌面底部可以预览所有屏保，如图 5.8 所示。

图 5.8　设置屏保

**03** 单击某个屏保的缩览图即可使其设置生效，同时还可以在缩览图上方设置闲置的时间。

**04** 勾选【恢复时需要密码】，可以更好地保护个人隐私。

**05** 待计算机闲置达到指定时间后，系统将启动选择的屏保程序。

### 5.1.7 剪贴板

剪贴板用于展示当前用户登录操作系统后复制和剪切的所有文本、图片以及文件，使用剪贴板可以快速复制其中的某项内容。注销或关机后，剪贴板会自动清空。剪贴板的常用操作如下。

**01** 使用快捷键【Ctrl】+【Alt】+【V】可以调出剪贴板，如图 5.9 所示。

**02** 双击剪贴板内的某一区块，会快速复制当前区块的内容，且当前区块会被

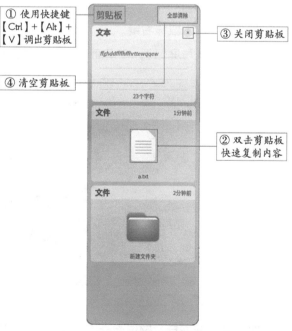

图 5.9　剪贴板

移动到剪贴板顶部。

**03** 选择目标位置进行粘贴。

**04** 将光标移入剪贴板的某一区块，单击上方的关闭按钮 ×，即可关闭当前区块；单击顶部的【全部清除】按钮，即可清空剪贴板。

# 5.2 任务栏

任务栏主要由启动器、应用程序图标、托盘区、系统插件等区域组成，如图 5.10 所示。在任务栏中，可以打开启动器、显示桌面、进入工作区，对其上的应用程序进行打开、新建、关闭、强制退出等操作，还可以设置输入法、调节音量、连接 Wi-Fi、查看日历、进入关机界面等。

图 5.10　任务栏

## 5.2.1 任务栏图标

任务栏的不同功能区可通过任务栏图标快速识别，任务栏图标包括启动器图标、应用程序图标、托盘区图标、系统插件图标等。具体图标和对应说明如表 5.2 所示。

**表 5.2　任务栏图标和说明**

| 图标 | 名称 | 说明 | 图标 | 名称 | 说明 |
|---|---|---|---|---|---|
| | 启动器 | 单击查看所有已安装的应用 | | 桌面 | 显示桌面 |
| | 多任务视图 | 单击显示工作区 | | 文件管理器 | 单击查看磁盘中的文件 / 文件夹 |
| | 浏览器 | 单击打开浏览器 | | 商店 | 搜索、安装应用软件 |
| | 相册 | 导入并管理照片 | | 音乐 | 播放本地音乐 |
| | 联系人 | 好友通讯、视频会议 | | 日历 | 查看日期、新建日程 |
| | 控制中心 | 单击进入系统设置 | | 通知中心 | 显示所有系统和应用的通知 |
| | 桌面智能助手 | 使用语音或文字来发布指令或进行询问 | | 屏幕键盘 | 单击使用虚拟键盘 |
| | 关机 | 单击进入关机界面 | | 回收站 | 回收站 |

## 5.2.2 设置任务栏

任务栏不是固定的，其显示模式可以切换。用户可设置任务栏在桌面上的位置、显示或隐藏任务栏，以及显示或隐藏回收站、电源等系统插件。

**1. 切换显示模式**

任务栏有两种显示模式：时尚模式（如图 5.11 所示）和高效模式（如图 5.12 所示），

不同模式显示的图标大小和应用窗口的激活效果不同。

图 5.11　时尚模式

图 5.12　高效模式

> **提示**　在高效模式下，单击任务栏右侧可显示桌面。将鼠标指针移到任务栏上已打开窗口的图标上时，会显示相应的预览窗口。

切换显示模式的操作步骤如下。

**01** 在任务栏处单击鼠标右键。

**02** 在【模式】子菜单中选择一种显示模式，如图 5.13 所示。

### 2．设置任务栏位置

任务栏可以放置在桌面的不同位置。设置任务栏位置的操作步骤如下。

**01** 在任务栏处单击鼠标右键。

**02** 在【位置】子菜单中选择【上】、【下】、【左】、【右】其中一个方向，如图 5.14 所示。

图 5.13　切换显示模式

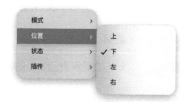

图 5.14　设置任务栏位置

此外，用鼠标拖动任务栏边缘，可改变任务栏高度。

### 3．显示或隐藏任务栏

任务栏可以隐藏，以便最大限度地扩展桌面的可操作区域。显示或隐藏任务栏的操作步骤如下。

**01** 在任务栏处单击鼠标右键。

**02** 在【状态】子菜单中进行操作，如图 5.15 所示，其选项如下所示。

◇　选择【一直显示】，任务栏将会一直显示在桌面上。

◇　选择【一直隐藏】，任务栏将会隐藏起来，只有在鼠标指针移至任务栏区域时才会显示。

◇　选择【智能隐藏】，当应用窗口占用任务栏区域时，任务栏将自动隐藏。

### 4．显示或隐藏插件

任务栏可以显示或隐藏插件，以便设置用户常用的程序。显示或隐藏插件的操作步骤如下。

**01** 在任务栏处单击鼠标右键。

**02** 在【插件】的子菜单中，如图 5.16 所示，如果勾选【回收站】、【电源】、【显示桌面】、【屏幕键盘】、【多任务视图】、【时间】、【桌面智能助手】等插件，则对应插件可在任务栏上显示；反之，如果取消勾选，则任务栏上隐藏对应插件。

图 5.15　显示或隐藏任务栏

图 5.16　显示或隐藏插件

## 5.2.3 回收站

在回收站中，可以找到计算机中被临时删除的文件，选择还原或删除这些文件。还可以清空回收站。

### 1. 还原文件

被临时删除的文件可以在回收站进行还原，或使用快捷键【Ctrl】+【Z】还原刚删除的文件。还原文件的操作步骤如下。

**01** 在回收站中，选择要恢复的文件。

**02** 单击鼠标右键，选择【还原】，如图 5.17 所示，文件将还原到删除前的存储路径。

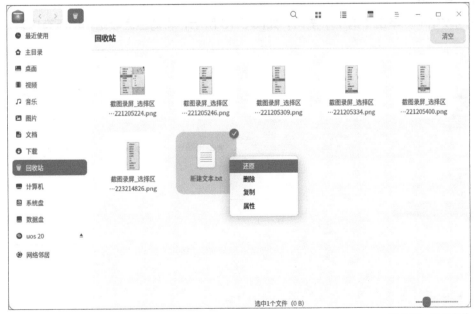

图 5.17　还原文件

> **注意**　如果文件原来所在的文件夹已经被删除，还原文件时会自动新建相应文件夹。

### 2. 删除文件

在回收站中可以单独删除某一文件。删除文件的操作步骤如下。

**01** 在回收站中，选择要删除的文件。

**02** 单击鼠标右键，选择【删除】，如图 5.18 所示，即可删除回收站中的文件。

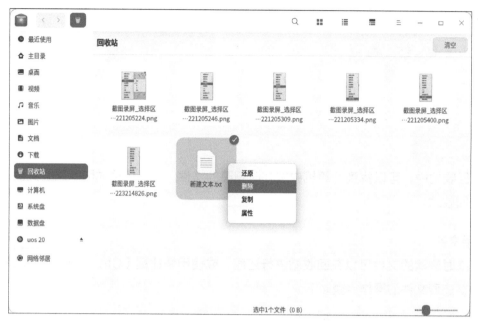

图 5.18　删除文件

### 3. 清空回收站

在回收站中，单击【清空】按钮，如图 5.19 所示，将清空回收站中的所有内容。

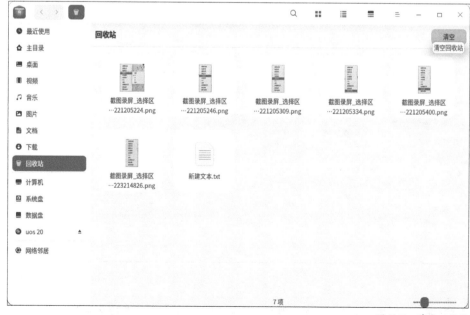

图 5.19　清空回收站

## 5.2.4 常用功能

在任务栏中，除了进入回收站，还可以实现一些常用功能，如查看通知消息，查看日期、时间，进入关机界面等。

### 1. 查看通知消息

当有系统或应用通知时，桌面上方会弹出通知消息，如图 5.20 所示。若有按钮，可单击按钮执行对应操作；若无按钮，可单击关闭按钮✖关闭此消息。

图 5.20 通知消息

此外，还可以通过单击任务栏上的通知中心图标🔔，打开通知中心查看所有通知消息，如图 5.21 所示。

### 2. 查看日期、时间

将鼠标指针悬停在任务栏的时间上，可查看当前日期、星期以及时间。单击时间，可打开日历，如图 5.22 所示。

图 5.21 通知中心

图 5.22 打开日历

### 3. 进入关机界面

单击任务栏上的关机图标⏻可进入关机界面，如图 5.23 所示，也可以在启动器的小窗口模式中单击关机图标⏻进入关机界面。

关机界面中的操作按钮的功能和说明如表 5.3 所示。

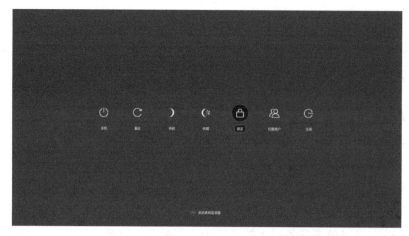

图 5.23　进入关机界面

**表 5.3　关机界面中的操作按钮的功能和说明**

| 操作按钮 | 功能 | 说明 |
| --- | --- | --- |
| ⏻ | 关机 | 关闭计算机 |
| ⟳ | 重启 | 关机后重新启动计算机 |
| ☾ | 待机 | 对程序或文件不进行任何实质性操作，且整个系统处于低能耗运转的开机状态 |
| ☽z | 休眠 | 可以保存所有打开文档和程序的映像，然后部分断开电源 |
| 🔒 | 锁定 | 锁定计算机，或按快捷键【Super】+【L】锁定 |
| 👥 | 切换用户 | 选择另一个用户账户登录 |
| ⟲ | 注销 | 清除当前登录用户的信息 |
| ⌁ | 启动系统监视器 | 快速启动系统监视器 |

> **说明** 当操作系统存在多个账户时才显示【切换用户】按钮👥。

# 5.3 启动器

通过启动器❖可以管理系统中所有已安装的应用，在启动器中使用分类导航或搜索功能可以快速找到需要的应用程序。

> **提示** 在启动器中可以查看新安装的应用，新安装的应用旁边会出现一个小蓝点提示。

启动器有全屏和小窗口两种模式，如图 5.24 所示，单击启动器界面右上角的图标即可切换模式。两种模式均支持搜索应用、设置快捷方式等操作。小窗口模式还支持快速打开文件管理器、控制中心以及进入关机界面等功能。

（a）全屏模式

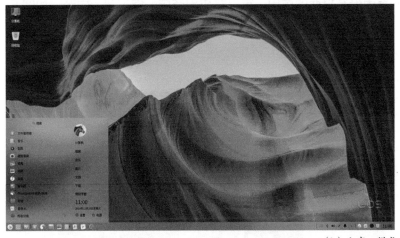

（b）小窗口模式

图 5.24　启动器的全屏模式和小窗口模式

## 5.3.1　应用管理

在启动器中，可以进行排列、查找、运行、卸载应用等操作。

### 1. 排列和查找应用

全屏模式下，系统默认按照安装时间排列所有应用；小窗口模式下，系统默认按照使用频率排列应用。除此之外，还可以根据需要对应用进行排列，具体操作步骤如下。

**01** 将鼠标指针悬停在应用图标上，按住鼠标左键不放，将应用图标拖曳到指定的位置自由排列。

**02** 单击启动器界面左上角分类图标进行排列，如图 5.25 所示。

图 5.25　排列应用

在启动器中，可以使用鼠标滚轮或切换分类导航来查找应用。

如果知道应用名称，直接在搜索框中输入关键字即可快速定位到需要的应用。

### 2. 运行和卸载应用等

如果启动器中没有想要的应用，可以在应用商店一键下载、安装，如图 5.26 所示。安装应用的具体操作请参阅 8.1.4 小节。

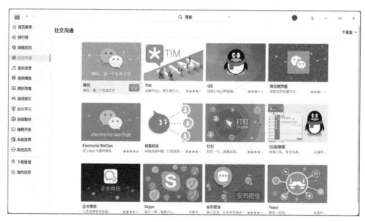

图 5.26　安装应用

对于已经创建了桌面或任务栏快捷方式的应用，可以通过以下途径来打开应用。

● 双击桌面快捷方式，或右键单击桌面快捷方式并选择【打开】。

● 直接单击任务栏上的应用快捷方式，或右键单击任务栏上的应用快捷方式并选择
【打开】。

对于未创建桌面或任务栏快捷方式的应用，可以在启动器中直接单击应用图标打开应用，或右键单击应用图标选择【打开】。具体操作步骤如下。

**01** 单击桌面底部的启动器按钮，进入启动器界面。

**02** 上下滚动鼠标滚轮浏览或通过搜索，找到应用图标（如系统监视器），单击即可打开应用。

**03** 或右键单击应用图标（如系统监视器 ◎ ），如图 5.27 所示，选择【打开】即可打开应用。除此之外，还可单击【开机自动启动】，将应用程序添加到开机启动项，在计算机开机时自动运行该应用。

> **提示** 对于常用应用，可以在启动器中右键单击应用图标，选择【开机自动启动】，将应用程序添加到开机启动项，在计算机开机时自动运行该应用。

图 5.27　右键单击系统
监视器图标

对于不再使用的应用，可以选择将其卸载，以节省硬盘空间。卸载应用的具体操作请参阅 8.1.6 小节。

## 5.3.2　快捷方式

通过快捷方式可以简单、快捷地启动应用。在启动器界面，可以设置快捷方式，如创建快捷方式和删除快捷方式等。

### 1. 创建快捷方式

将应用发送到桌面或任务栏上，即可创建快捷方式，方便后续启动应用。

在启动器中，右键单击应用图标（如系统监视器 ◎ ），如图 5.28 所示，其选项如下所示。

- 选择【发送到桌面】，在桌面创建快捷方式。
- 选择【发送到任务栏】，将应用快捷方式固定到任务栏。

图 5.28　创建快捷方式

> **说明** 从启动器拖曳应用图标到任务栏上放置可以创建快捷方式。但是当应用处于运行状态时将无法通过这种方式创建，此时可以右键单击任务栏上的应用图标，选择【驻留】将应用快捷方式固定到任务栏，以便下次使用时从任务栏上快速启动应用。

### 2. 删除快捷方式

当不再需要某应用的快捷方式时，既可以在桌面直接删除应用的快捷方式，也可以在任务栏或启动器中删除。

（1）从任务栏删除

从任务栏删除快捷方式的具体操作如下。

**01** 在任务栏上，按住鼠标左键不放，将应用快捷方式拖曳到任务栏以外的区域，即可删除快捷方式。

**02** 当应用处于运行状态时，无法使用拖曳进行删除，此时可以右键单击任务栏上的应用快捷方式，选择【移除驻留】，如图 5.29 所示，将应用快捷方式从任务栏上删除。

（2）从启动器中删除

在启动器中，右键单击应用图标，如图 5.30 所示，其选项如下所示。

- 选择【从桌面上移除】，删除桌面快捷方式。
- 选择【从任务栏上移除】，将固定在任务栏上的应用快捷方式删除。

图 5.29　从任务栏删除快捷方式

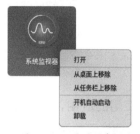

图 5.30　从启动器中删除

> 说明　以上操作，只会删除应用的快捷方式，而不会卸载应用。

# 5.4 窗口管理器

使用窗口管理器可以在不同的工作区内展示不同的窗口内容。通过窗口管理器可以同时使用多个桌面，以便对桌面窗口进行分组管理，如图 5.31 所示。

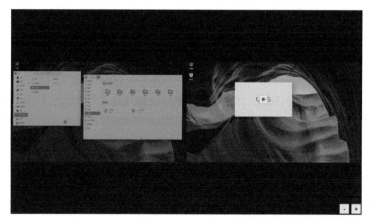

图 5.31　窗口管理器

## 5.4.1 工作区操作

在工作区界面，可以将桌面窗口进行分组管理，通过划分工作区可以调整工作区域。按快捷键【Super】+【S】或单击窗口管理器图标可打开工作区界面。

在工作区界面，可以完成添加、切换、删除、退出工作区等操作，还可以查看工作区所有窗口并进行移动。

### 1. 添加工作区

在工作区界面，可以通过以下方式添加工作区。

- 单击工作区下方的添加按钮 +。
- 按【+】键。

> 说明　当已添加的工作区数量达到最大值时，将不能再添加工作区。

## 2．切换工作区

在桌面，可以通过以下方式切换工作区。

- 按快捷键【Super】+【←】/【→】，切换到上一个 / 下一个工作区。
- 按快捷键【Super】+ 数字键【1】到【7】，切换到指定工作区。

在工作区界面，可以通过以下方式切换工作区。

- 滚动鼠标滚轮切换到上一个 / 下一个工作区。
- 按【←】/【→】键来切换到上一个 / 下一个工作区。
- 单击对应的预览窗口或按数字键【1】到【7】来切换到指定工作区。

## 3．删除工作区

执行删除工作区操作后，该工作区中的所有窗口将自动转移到相邻的工作区中显示。
当桌面环境中只存在一个工作区时，不能执行删除工作区的操作。具体操作如下。

在工作区界面，单击某一个工作区上的关闭按钮 ×，即可删除工作区。

## 4．退出工作区

在工作区界面完成相关操作后，可以通过以下方式退出工作区。

- 按【Esc】键。
- 在当前工作区界面区域外的任意位置单击鼠标。
- 再次按快捷键【Super】+【S】。

## 5．查看所有窗口

可以通过以下方式查看工作区所有窗口。

- 按快捷键【Super】+【A】，查看所有工作区的窗口。
- 按快捷键【Super】+【W】，查看当前工作区的窗口。

## 6．移动工作区窗口

可以通过以下方式移动工作区窗口。

- 在工作区界面，拖曳窗口到指定的工作区。
- 在桌面，按快捷键【Super】+【Shift】+【←】/【→】，将当前窗口移动到上一个 /
  下一个工作区。
- 在桌面，按快捷键【Super】+【Shift】+ 数字键【1】到【7】，将当前窗口移动到
  对应序号的工作区。
- 在桌面，按快捷键【Alt】+【Space】或在窗口标题栏上单击鼠标右键，打开快捷

菜单，选择【总在可见工作区】、【移至右边的工作区】或【移至左边的工作区】，将当前窗口移动到指定的工作区。

> **提示** 除了移动工作区窗口，在快捷菜单中还可以选择最小化、最大化、改变窗口大小、置顶窗口以及关闭窗口。

### 5.4.2 切换桌面窗口

可以通过以下方式切换当前工作区的桌面窗口，切换方式及操作如表 5.4 所示。

**表 5.4　切换方式及操作**

| 切换方式 | 操作 |
| --- | --- |
| 快速切换相邻窗口 | 按快捷键【Alt】+【Tab】并快速释放，快速向右切换当前窗口和相邻窗口；<br>按快捷键【Alt】+【Shift】+【Tab】并快速释放，快速向左切换当前窗口和相邻窗口 |
| 切换所有窗口 | 按住【Alt】键不放，连续按【Tab】键，所有窗口依次向右切换显示；<br>按住【Alt】+【Shift】键不放，连续按【Tab】键，所有窗口依次向左切换显示 |
| 快速切换同类型窗口 | 按快捷键【Alt】+【~】并快速释放，快速向右切换当前同类型窗口；<br>按快捷键【Alt】+【Shift】+【~】并快速释放，快速向左切换当前同类型窗口 |
| 切换同类型窗口 | 按住【Alt】键不放，连续按【~】键，当前同类型窗口依次向右切换显示；<br>按住【Alt】+【Shift】键不放，连续按【~】键，窗口依次向左切换显示 |

## 5.5 键盘交互

使用键盘可以在各个界面区域内进行切换、选择对象以及执行操作，如表 5.5 所示。

**表 5.5　按键及说明**

| 按键 | 说明 |
| --- | --- |
| 【Tab】 | 在不同区域或对话框按钮之间进行切换 |
| 【↑】【↓】<br>【←】【→】 | 在同区域内对不同的对象进行选择。使用【→】键进入下级菜单，使用【←】键返回上级菜单，使用【↑】/【↓】键进行上 / 下切换 |
| 【Enter】 | 执行选定对象 |
| 【Space】 | 在文件管理器中，预览选定对象；在深度影院和深度音乐中，开始 / 暂停播放；在下拉列表中，展开下拉选项（也可使用【Enter】键） |
| 【Ctrl】+【M】 | 打开快捷菜单 |

# 5.6 触控手势

如果计算机带有触控板或触屏，可以使用触控手势来进行操作。触控手势分为触控板手势和触屏手势两种。

## 5.6.1 触控板手势

在触控板上可以使用手势进行操作，具体手势和对应的操作效果如表 5.6 所示。

表 5.6 触控板手势和对应的操作效果

| 手势 | 对应的操作效果 |
| --- | --- |
| 移动手指 | 相当于移动鼠标指针 |
| 单指单击 | 相当于鼠标单击 |
| 单指双击 | 相当于鼠标双击 |
| 二指向上移动 | 屏幕向上移动。如果开启了【自然滚动】，则是屏幕向上滚动 |
| 二指向下移动 | 屏幕向下移动。如果开启了【自然滚动】，则是屏幕向下滚动 |
| 二指向左移动 | 执行返回操作 |
| 二指向右移动 | 执行前进操作 |
| 二指从触控板右边缘向左移动 | 显示控制中心 |
| 二指从触控板左边缘向右移动 | 显示控制中心 |
| 二指旋转 | 旋转内容，主要支持看图和截图时的旋转操作 |
| 二指双击 | 放大 200% 或还原 |
| 二指单击 | 显示快捷菜单 |
| 三指从触控板右边缘向左移动 | 当前窗口向左分屏 |
| 三指从触控板左边缘向右移动 | 当前窗口向右分屏 |

此外，在触控板上除部分手势可以进行操作外，某些操作还可以通过对应的快捷键实现，具体操作如表 5.7 所示。

表 5.7 触控板手势和对应的操作效果及快捷键

| 手势 | 对应的操作效果 | 对应快捷键 |
| --- | --- | --- |
| 二指距离加大 | 放大 | 【Ctrl】+【=】 |
| 二指距离缩小 | 缩小 | 【Ctrl】+【-】 |
| 三指向上移动 | 最大化窗口 | 【Super】+【↑】 |
| 三指向下移动 | 还原窗口 | 【Super】+【↓】 |

续表

| 手势 | 对应的操作效果 | 对应快捷键 |
| --- | --- | --- |
| 三指距离加大或缩小 | 显示所有窗口 | 【Super】+【W】 |
| 三指单击 | 激活当前窗口的移动状态。当窗口处于移动状态后，再用一指快速移动窗口，在任意处单击即可退出窗口移动状态 | 【Alt】+【F7】 |
| 四指 / 五指向上或向下移动 | 显示 / 隐藏工作区 | 【Super】+【S】 |
| 四指 / 五指向左移动 | 切换到前一个工作区 | 【Super】+【←】 |
| 四指 / 五指向右移动 | 切换到下一个工作区 | 【Super】+【→】 |
| 四指 / 五指距离加大 | 显示 / 隐藏桌面 | 【Super】+【D】 |
| 四指 / 五指距离缩小 | 显示 / 隐藏启动器 | 【Super】 |

> **注意** 某些触控板可能不支持上述部分手势，需要确认触控板是否支持多点触控。

### 5.6.2 触屏手势

如果计算机带有触屏，可以使用以下触屏手势进行操作。如当任务栏设置为【一直隐藏】时，如果任务栏在底部，在屏幕边缘从下往上划入，可唤出任务栏；如果任务栏在顶部，在屏幕边缘从上往下划入，可唤出任务栏。更多的触屏手势和对应的操作效果如表 5.8 所示。

表 5.8　触屏手势和对应的操作效果

| 手势 | 对应的操作效果 |
| --- | --- |
| 单指单击 | 鼠标单击 |
| 单指双击 | 鼠标双击 |
| 单指选中不放 | 鼠标拖曳 |
| 手指在对象上长按再抬起 | 打开对象的右键菜单 |
| 从屏幕左侧划入 | 打开工作区 |
| 从屏幕右侧划入 | 显示控制中心 |
| 二指距离缩小 | 缩小 |
| 二指距离加大 | 放大 |
| 向上 / 下 / 左 / 右移动 | 屏幕向上 / 下 / 左 / 右移动 |
| 在浏览器中，向左移动 | 前进到下一页 |
| 在浏览器中，向右移动 | 返回到上一页 |

> **提示** 对于触屏上的文本，单指双击可以选中文字，然后移动手指可以选择指定文字。

# 5.7 通过系统监视器管理任务

系统监视器是一个对硬件负载、程序运行以及系统服务进行监测和管理的系统工具。系统监视器可以实时监控处理器状态、内存占用率、网络上传 / 下载速度等，还可以管理程序进程和系统服务，支持搜索进程和强结束进程。

## 5.7.1 搜索进程

在系统监视器中可以通过顶部的搜索框搜索想要查看的应用进程，具体操作步骤如下。

**01** 在系统监视器顶部的搜索框中，可以通过如下两种方式输入内容。

◇ 单击搜索按钮 🔍 ，输入关键字。

◇ 单击语音助手按钮 🎤 ，输入语音，语音会转化为文字显示在搜索框中。

**02** 输入内容后即可快速定位。

◇ 当搜索到匹配的信息时，界面会显示搜索的结果列表，如图 5.32 所示。

◇ 当没有搜索到匹配的信息时，界面会显示"无结果"。

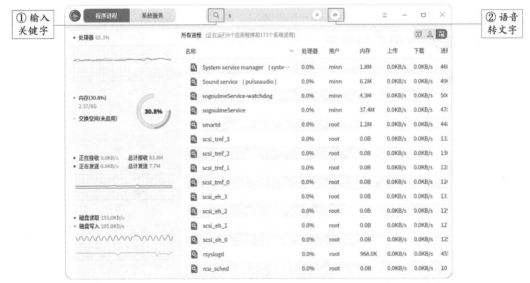

图 5.32 系统监视器搜索进程

## 5.7.2 硬件监控

系统监视器可以实时监控计算机的处理器、内存及网络等的状态。

处理器监控使用数值和图形实时显示处理器占用率，还可以通过圆环或波形显示最近一段时间的处理器占用趋势，通过主菜单下的【视图 - 设置】选项，可以切换紧凑视图和舒展视图。

- 在紧凑视图下，使用示波图和百分比数字显示处理器运行负载。示波图显示最近一段时间的处理器运行负载情况，曲线会根据波峰、波谷高度自适应示波图的高度，如图 5.33 所示。

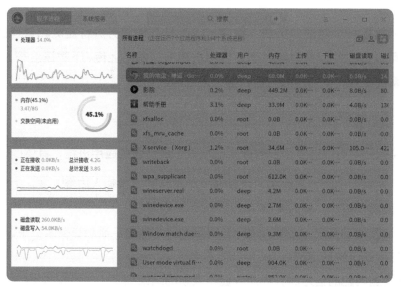

图 5.33  紧凑视图

- 在舒展视图下，使用圆环图和百分比数字显示处理器运行负载。圆环中间的曲线显示最近一段时间的处理器的运行负载情况，曲线会根据波峰、波谷高度自适应圆环内部的高度，如图 5.34 所示。

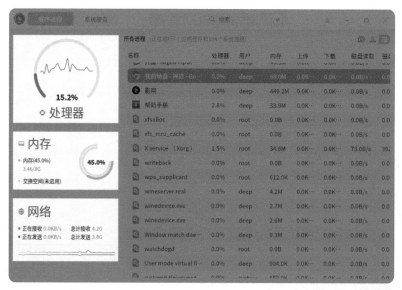

图 5.34  舒展视图

内存监控区域使用数值和图形实时显示内存占用率，还可以显示内存总量和当前占用量、交换分区内存总量和当前占用量。

网络监控区域可以实时显示当前网络上传 / 下载速度，还可以通过波形显示最近一段时间的上传 / 下载速度趋势。

磁盘监控区域可以实时显示当前磁盘读取 / 写入速度，还可以通过波形显示最近一段时间的磁盘读取 / 写入速度趋势。

### 5.7.3 程序进程管理

在系统监视器中可以进行切换进程界面、调整进程排序、结束进程、结束应用程序以及暂停和恢复进程等操作。

**1. 切换进程界面**

单击界面右上角的图标可以切换进程界面，分别查看应用程序进程、我的进程以及所有进程，如图 5.35 所示。

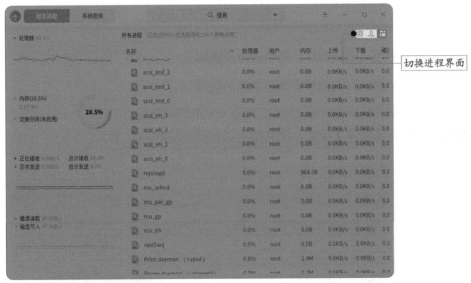

图 5.35　切换进程界面

在系统监视器界面，单击按钮◲可切换到应用程序进程界面；单击按钮⧄可切换到我的进程界面；单击按钮⧉可切换到所有进程界面。

**2. 调整进程排序**

进程列表可以根据名称、处理器、用户、内存、上传、下载、磁盘读取、磁盘写入、进程号、Nice 以及优先级等进行排列。

- 在系统监视器界面单击进程列表顶部的标签，进程会按照对应的标签排序，双击可以切换升序和降序。
- 在系统监视器界面右键单击进程列表顶部的标签栏，可以取消勾选某个选项来隐藏对应的列，再次勾选可以恢复显示，如图 5.36 所示。

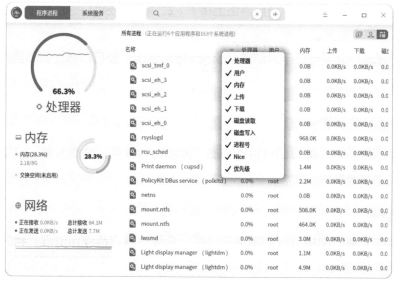

图 5.36　进程列表

### 3. 结束进程

在系统监视器中可以结束进程，具体操作步骤如下。

**01** 在系统监视器界面上，右键单击需要结束的进程。

**02** 选择【结束进程】。

**03** 在弹出窗口单击【结束】按钮，确认结束该进程，如图 5.37 所示。

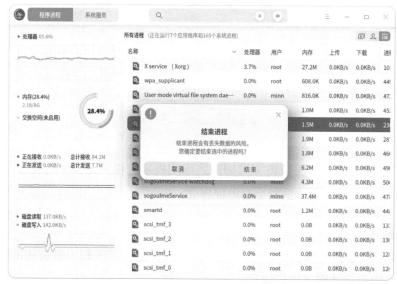

图 5.37　结束进程

### 4. 结束应用程序

在系统监视器中可以结束应用程序，具体操作如下。

**01** 在系统监视器界面，单击主菜单按钮 ☰。

**02** 选择【强制结束应用程序】，如图 5.38 所示。

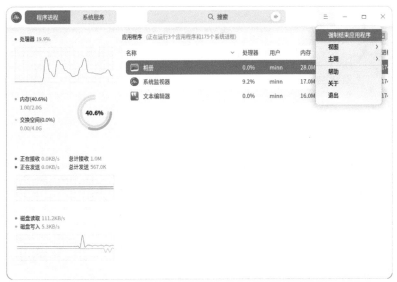

图 5.38　结束应用程序

> **说明**　强制结束应用程序只能用来关闭图形化进程。

**03** 根据屏幕提示在桌面上单击想要关闭的应用程序窗口，如图 5.39 所示。

图 5.39　单击想要关闭的应用程序窗口

**04** 在弹出的窗口单击【强制结束】，确认结束该应用程序。

### 5. 暂停和恢复进程

在系统监视器中可以暂停和恢复进程，具体操作步骤如下。

**01** 在系统监视器界面上，右键单击某个进程。

**02** 选择【暂停进程】，被暂停的进程会带有"暂停"标记并变成红色，如图 5.40 所示。

**03** 再次右键单击被暂停的进程，选择【恢复进程】可以恢复该进程。

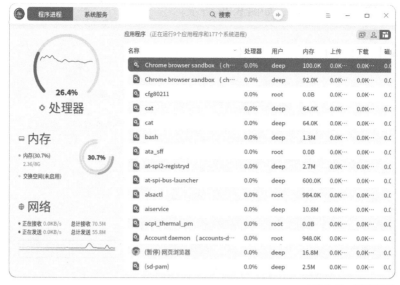

图 5.40　暂停进程

### 6. 改变进程优先级

在系统监视器中可以改变进程的优先级，具体操作如下。

**01** 在系统监视器界面上，右键单击某个进程。

**02** 选择【改变优先级】，选择一种优先级，如图 5.41 所示。

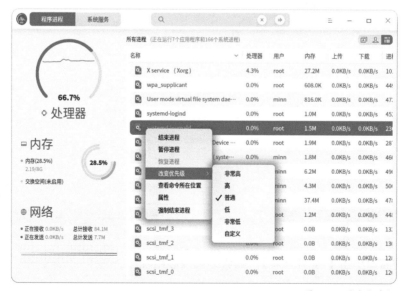

图 5.41　改变优先级

### 7. 查看进程路径

通过系统监视器可以查看进程路径并打开进程所在目录，具体操作如下。

**01** 在系统监视器界面上，右键单击某个进程。

**02** 选择【查看命令所在位置】，可以在文件管理器中打开该进程所在的目录。

### 8. 查看进程属性

在系统监视器中可以查看进程属性，具体操作步骤如下。

**01** 在系统监视器界面上，右键单击某个进程。

**02** 选择【属性】，可以查看进程的名称、命令行以及启动时间等。

## 5.7.4 系统服务管理

在系统监视器中可以对系统服务进行启动、停止、重新启动以及刷新，如图 5.42 所示。在系统服务列表，禁止强制结束应用程序。

图 5.42　系统服务

> **注意** 为了让系统更好地运行，请勿结束系统服务自身的进程和根进程。

启动系统服务的具体操作步骤如下。

**01** 在系统监视器界面上，选择【系统服务】。

**02** 选中某个未启动的系统服务，右键单击，选择【启动】。

**03** 如果弹出授权窗口，需要输入密码授权。

**04** 再次右键单击该系统服务，选择【刷新】，其"活动"列的状态会变为"已启用"。

类似地，还可以完成停止系统服务和重新启动系统服务。

# 第 06 章

# 控制中心

统信 UOS 通过控制中心来管理系统的基本设置，包括账户设置、显示设置、个性化设置、时间日期、网络设置以及系统更新等。

进入桌面环境后，单击任务栏上的图标⊛，即可打开控制中心。在控制中心首页，主要展示各个设置模块，方便日常查看和快速设置，在界面上方的标题栏中包含返回按钮、搜索框、主菜单以及窗口操作按钮，如图 6.1 所示，其功能介绍如下。

- 返回按钮＜：单击即可返回首页。
- 搜索框：输入关键字或单击按钮 ⬥ 后输入语音（语音会转化为文字显示在搜索框中），按【Enter】键即可搜索相应设置。
- 主菜单≡：单击打开主菜单，在主菜单中可以设置窗口主题、查看版本以及退出控制中心。

图 6.1　控制中心首页

单击打开控制中心的某一个设置模块后，通过左侧导航栏可以快速切换到另一个设置模块，如图 6.2 所示。本章将按照不同的类别详细讲解控制中心的各个设置模块。

图 6.2　控制中心导航栏

# 6.1 账户类设置

控制中心账户类设置模块包括账户设置模块和网络账户设置模块，在账户设置模块可以设置多个账户、自动登录和无密码登录等操作，帮助用户更方便地管理和使用计算机；在网络账户设置模块，可以通过网络账户一键将计算机相关的系统配置转移到另一台计算机上，让用户能够实现无缝衔接地更换设备。

## 6.1.1 账户设置

在安装系统时会创建了一个账户，在控制中心的账户设置模块可以修改账户设置或创建新账户，如图 6.3 所示。本节将主要讲解如何创建新账户，以及如何设置账户自动登录和无密码登录。

图 6.3 账户设置

### 1. 创建新账户

01 在控制中心首页，单击【账户】按钮👤。

02 在账户设置界面单击添加按钮⊕，如图 6.4 所示。

03 在新账户设置界面，输入用户名、密码以及重复密码，单击【创建】按钮。

04 在弹出的授权对话框中输入当前登录账户的密码，新账户就会添加到账户列表中。

### 2. 自动登录和无密码登录

开启自动登录功能后下次启动系统时（重启或开机）可直接进入桌面，但是在锁屏和注销后再次登录需要输入密码。开启无密码登录功能后，下次登录系统时（重启、开机和注销后再次登录），不需要输入密码，单击登录按钮●即可登录系统，具体操作步骤如下。

**01** 在账户设置界面，单击当前登录账户。

**02** 在当前登录账户界面，打开【自动登录】和【无密码登录】开关，即可开启自动登录功能和无密码登录功能，如图 6.5 所示。

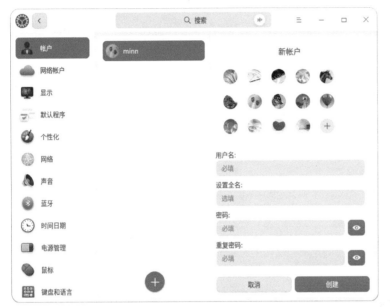

图 6.4　创建账户　　　　图 6.5　自动登录和无密码登录

> **提示**　若自动登录和无密码登录同时打开，下次启动系统时（重启或开机）可以直接进入桌面。在设置自动登录和无密码登录功能时，如果出现授权对话框，系统默认勾选【清空钥匙环密码】，在无密码登录的情况下登录已经记录密码的程序时，不需要再次输入系统登录密码；反之则每次都需要输入系统登录密码。

　　类似地，在当前账户界面上，还可完成更换头像、设置账户名、修改密码以及删除账户等操作。

> **注意**　已登录的账户无法被删除。

## 6.1.2 网络账户设置

　　在控制中心登录网络账户后，可以使用云同步、应用商店、邮件客户端、浏览器等应用上的相关云服务功能。开启网络账户设置中的云同步功能，可自动同步各种系统配置到云端，如网络、声音、鼠标、更新、任务栏、启动器、壁纸、主题、电源等，如图 6.6 所示。若想在另一台设备上使用相同的系统配置，只需登录此网络账户，即可一键同步以上配置到该设备。

图 6.6　自动同步配置

**提示** 当【自动同步配置】开启时，可以选择同步项；关闭时，所有配置都不能进行同步。

# 6.2 自定义类设置

控制中心自定义类设置模块包括显示设置模块、个性化设置模块、声音设置模块、默认程序设置模块、时间日期设置模块和电源管理设置模块等，用户可以根据设备和使用需求在相关模块中进行设置，让计算机更加符合自己的使用习惯。

## 6.2.1 显示设置

在控制中心显示设置模块中可设置显示器的分辨率、亮度、缩放倍数、刷新率以及屏幕方向，让计算机显示达到最佳状态。

**1. 单屏设置**

当显示屏为单屏时，可以修改屏幕的分辨率、亮度、屏幕缩放、刷新率和屏幕方向。

（1）更改分辨率

当显示屏的画面质感比较粗糙时，可以通过更改屏幕的分辨率提高显示画面的质量，从而提高用户使用体验，更改分辨率的操作步骤如下。

**01** 在控制中心首页，单击【显示】按钮 💻，默认进入分辨率设置界面，如图 6.7 所示。

**02** 在列表中选择合适的分辨率参数后，在弹出的对话框中单击【保存】按钮。

图 6.7 更改分辨率

（2）调节亮度

当计算机屏幕过亮或过暗时，可以根据使用环境调节亮度，还可以在亮度设置界面中设置自动调节色温和自动调节亮度，让系统自动调节屏幕亮度。调节亮度的操作步骤如下。

**01** 在控制中心显示设置模块单击【亮度】，如图 6.8 所示。

**02** 在亮度设置界面，拖动亮度条滑块，调节屏幕亮度；打开【自动调节色温】开关，开启护眼模式，自动调节色温；打开【自动调节亮度】开关，自动调节屏幕亮度（仅支持有光线传感器的设备）。

图 6.8 调节亮度

（3）设置屏幕缩放

当桌面和窗口显示过大或过小时，可通过调节屏幕缩放实现正常显示，操作步骤如下。

**01** 在控制中心显示设置模块单击【屏幕缩放】，拖动滑块调整屏幕缩放倍数，如图 6.9 所示。

**02** 注销后重新登录，使屏幕缩放设置生效。

图 6.9　设置屏幕缩放

> **说明**　当检测到屏幕为"高分屏"（1024 像素 ×768 像素分辨率以上的屏幕）时，系统会自动调整缩放倍数。部分应用可能不支持屏幕缩放，可以在启动器中右键单击该应用，选择【禁用屏幕缩放】，以获得更好的显示效果。

（4）设置刷新率

一般屏幕的刷新率越高，对使用者的眼睛越好。设置屏幕刷新率的具体操作步骤如下。

**01**　在控制中心显示设置模块单击【刷新率】，如图 6.10 所示。

图 6.10　设置屏幕刷新率

**02**　选择一个合适的刷新率，在弹出的对话框中单击【保存】按钮。

（5）改变屏幕方向

计算机连接了高级的可旋转的显示屏时，需要在计算机上改变屏幕的方向以更好地适配显示。改变屏幕方向的具体操作步骤如下。

**01** 在控制中心显示设置模块，单击旋转屏幕按钮◎，如图 6.11 所示。

图 6.11　改变屏幕方向

**02** 在该状态下每单击一次，屏幕逆时针旋转 90°。

**03** 如果想还原到之前的屏幕方向，单击鼠标右键即可还原并退出；如果想使用当前屏幕方向，按快捷键【Ctrl】+【S】即可保存设置。

## 2．多屏设置

多屏显示可以让屏幕的视野无限延伸，使用视频图形阵列（Video Graphics Array，VGA）、高清多媒体接口（High Definition Multimedia Interface，HDMI）、显示接口（DisplayPort，DP）等线缆将计算机和另一台显示器、投影仪等连接起来，计算机上的内容即可同时在多个屏幕中显示。只有计算机连接上多台显示设备时，【多屏显示模式】才会出现，操作步骤如下。

**01** 在控制中心显示设置模块，单击【多屏显示模式】，如图 6.12 所示。

图 6.12　多屏显示模式

**02** 多屏幕显示模式下的选项介绍如下。

◇ 选择【复制】，将主屏的显示内容复制到其他屏幕。

◇ 选择【扩展】，将主屏的显示内容扩展到其他屏幕，扩大桌面区域。

◇ 选择【只在 xxx（屏幕名称）显示】，只在某个屏幕显示内容。

**03** 选择【自定义】，可自定义设置显示模式，如图 6.13 所示。单击【识别】按钮，可查看屏幕名称。选择【合并】或【拆分】，可设置显示器的主屏幕、屏幕的分辨率和刷新率以及屏幕旋转，设置完成后，单击【保存】按钮可保存设置。

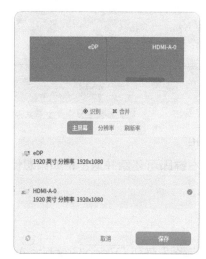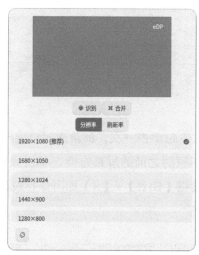

图 6.13 自定义设置显示模式

> **说明** "合并"即复制模式，"拆分"即扩展模式。

> **提示** 在多屏环境下，按快捷键【Super】+【P】可以调出多屏显示模式的 OSD（屏幕菜单式调节方式，是显示器各项调节项目信息的矩形菜单）。按住【Super】键不放，按【P】键或单击可以选择模式，松开按键即可确认，使所选模式生效。

### 6.2.2 个性化设置

在控制中心个性化设置模块可以进行一些通用的个性化设置，包括主题、活动用色、窗口特效以及透明度调节，改变桌面和窗口的外观。除此之外还可设置图标主题、光标主题和字体，操作步骤如下。

**01** 在控制中心首页，单击【个性化】按钮🌑，默认进入通用设置界面，如图 6.14 所示。

**02** 单击选择一种主题，该主题即可设置为系统窗口主题。

**03** 活动用色是指选中某一选项时的强调色，单击活动用色下的一种颜色，可实时查看该颜色在系统中的显示效果。

**04** 打开【窗口特效】开关，可以让桌面和窗口更美观、精致。

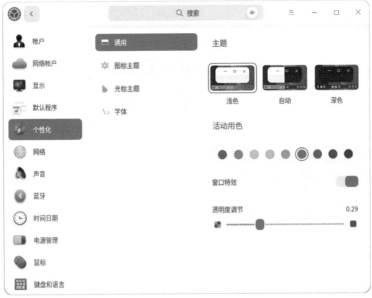

图 6.14　通用设置界面

**05** 窗口特效开启后才能拖动【透明度调节】下的滑块,可实时查看透明效果。通过透明度调节来设置任务栏和启动器(小窗口模式)的透明度,滑块越靠左越透明,越靠右越不透明。

> **提示** "自动主题"表示根据当前时区日出日落的时间自动更换主题,日出后是浅色,日落后是深色。

类似地,在个性化设置界面上,还可以完成图标主题、光标主题以及字体的设置。

### 6.2.3 声音设置

在控制中心声音设置模块可以对扬声器和麦克风进行设置,让设备播放的声音听起来更舒适,让录制的声音更清晰。

### 1. 扬声器

在扬声器设置界面,可以打开或关闭关扬声器、调节输出音量、设置左 / 右平衡,具体操作步骤如下。

**01** 在控制中心首页,单击【声音】按钮 🔊,默认进入扬声器设置界面,打开【扬声器】开关,可通过拖曳滑块调节计算机的输出音量,如图 6.15 所示。

**02** 如果输出音量调到 100% 时还不能满足需求,可打开【音量增强】开关,此时输出音量的可调节区间将由 0 ~ 100% 转变为 0 ~ 150%。

**03** 通过拖曳滑块可调节左 / 右平衡。

> **提示** 音量大于 100% 时可能会导致声音失真,同时损害计算机的扬声器。若关闭扬声器,系统将全部静音,用户无法听到系统音效和声音。

图 6.15　扬声器设置界面

### 2. 麦克风

在麦克风设置界面，可以开关麦克风、调节输入音量，具体操作步骤如下。

**01** 在控制中心声音设置界面，单击【麦克风】。

**02** 在麦克风设置界面，打开【麦克风】开关，如图 6.16 所示。

**03** 拖曳滑块调节麦克风的输入音量。

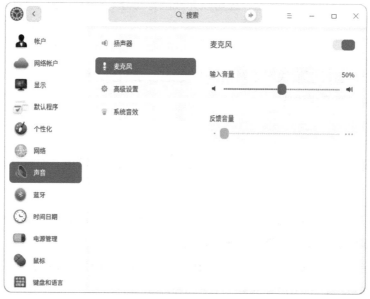

图 6.16　麦克风设置界面

> **提示** 通常设置麦克风需要调大输入音量，以确保能够输入声源的声音，但音量调节不宜过大，因为这会导致声音失真。使用过程中可以对着麦克风以正常说话的音量讲话，并观察反馈音量的变化，变化较明显则说明输入音量较合适。

### 3. 高级设置

除了设置扬声器和麦克风，还可以对声音进行高级设置，具体操作步骤如下。

**01** 在控制中心声音设置界面，单击【高级设置】。

**02** 在高级设置界面选择输出和输入设备，如图 6.17 所示。

图 6.17　高级设置界面

### 4. 系统音效

在系统音效中可以设置系统在开机、关机、注销等事件下的音效，具体操作步骤如下。

**01** 在控制中心声音设置界面，单击【系统音效】。

**02** 在系统音效设置界面，打开【系统音效】开关，单击勾选某一事件，即可开启该事件发生时的声音效果，如图 6.18 所示。

图 6.18　系统音效设置界面

提示 单击某一事件，可以试听该事件发生时的音效。

### 6.2.4 默认程序设置

当安装有多个功能相似的应用程序时，可以通过右键菜单或控制中心为某种类型的文件指定某个应用作为打开文件的默认程序。

#### 1. 更改默认程序

（1）通过右键菜单

**01** 右键单击某个类型的文件，选择【打开方式 – 选择默认程序】，如图 6.19 所示。

**02** 选择一个应用，系统默认勾选【设为默认】，单击【确定】按钮，即可设置该应用为文件的默认程序，如图 6.20 所示。同时该应用将自动添加到控制中心的默认程序列表。

图 6.19　右键快捷菜单

图 6.20　设置默认程序

（2）通过控制中心

**01** 在控制中心首页，单击【默认程序】按钮 。

**02** 在默认程序设置界面选择某个文件类型进入默认程序列表，如图 6.21 所示。

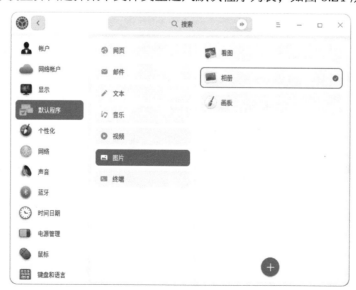

图 6.21　控制中心中设置默认程序

**03** 在列表中选择某个应用程序即可。

## 2．添加默认程序

在控制中心默认程序设置中除了已有的默认程序，还可以添加新的应用成为默认程序，操作步骤如下。

**01** 在控制中心默认程序设置模块，选择文件类型进入默认程序列表。

**02** 单击列表下的添加默认程序按钮⊕，在弹出的文件管理器对话框中选择 desktop 文件（一般在 /usr/share/applications）或特定的二进制文件。该应用将被添加到默认程序列表，并被自动设置为默认程序。

## 3．删除默认程序

在默认程序列表中，只能删除自己添加的应用，不能删除系统已经安装的应用。如果想要删除系统已经安装的应用，只能卸载该应用。卸载后该应用将被自动从默认程序列表中删除。删除默认程序的操作步骤如下。

**01** 在控制中心默认程序设置模块，选择文件类型进入默认程序列表。

**02** 单击程序后面的关闭按钮 ×，删除默认程序。

## 6.2.5 时间日期设置

在控制中心时间日期设置模块选择正确的系统时区，即可在计算机上显示所在地的时间和日期，也可以手动修改时间和日期。

## 1. 修改时区

安装系统时，已经设置过系统时区，可在时间日期设置模块进行修改，操作步骤如下。

**01** 在控制中心首页，单击【时间日期】按钮☉，默认进入时区列表设置界面，如图 6.22 所示。

图 6.22 时间日期设置界面

**02** 单击【修改系统时区】按钮，通过搜索或单击地图选择时区，单击【确定】按钮。

### 2. 添加时区

在时间日期设置模块中可以同时使用多个时区，以便随时查看另一时区的时间。

在控制中心时区列表设置界面单击添加时区按钮 ⊕ ，通过搜索或单击地图选择时区，单击【添加】按钮，即可添加时区。

### 3. 删除时区

如果不想使用某个时区，可以将时区删除，具体操作步骤如下。

**01** 在控制中心时区列表设置界面，单击时区列表后面的【编辑】。

**02** 单击某个时区后的 ⊖ ，即可删除已添加的时区。

### 4. 修改时间和日期

默认情况下，系统通过网络自动同步该时区的时间和日期。时间和日期也可以手动进行设置，设置完成后，自动同步功能会被关闭，具体操作步骤如下。

**01** 在控制中心时间日期设置界面，单击【时间设置】。

**02** 在时间设置界面输入正确的时间和日期，单击【确定】按钮，如图 6.23 所示。

图 6.23　时间设置界面

## 6.2.6 电源管理设置

在控制中心电源管理设置模块可对系统电源进行设置，可让笔记本电脑的电池更耐用，让系统更安全。

## 1. 通用设置

为了降低笔记本电脑的耗电速度，可以在电源管理的通用设置中打开节能模式，降低屏幕亮度。同时还可以设置待机恢复时需要输入密码或唤醒显示器时需要输入密码，以提高笔记本电脑的安全性，具体操作如下。

**01** 在控制中心首页，单击【电源管理】按钮 ，默认进入电源管理的通用设置界面。

**02** 打开【节能模式】和【自动切换节能模式】开关，系统将在拔掉电源后直接进入节能模式，插上电源后自动退出节能模式，如图 6.24 所示。

图 6.24 开启节能模式（笔记本电脑）

**03** 打开【待机恢复时需要密码】或【唤醒显示器时需要密码】开关，即可开启相应的安全设置。

> **说明** 如果使用的是台式计算机，将不会看到【通用】选项中【节能模式】开关和【使用电池】选项。

## 2. 设置显示器关闭时间

为了保护计算机上的个人数据和屏幕设备，可在使用电源设置界面设置显示器关闭时间，到设定的时间后显示器将自动关闭。

在控制中心电源管理设置界面，如图 6.25 所示，单击【使用电源】或【使用电池】。拖曳滑块选择关闭显示器的时间。类似地，在该界面上还可以设置计算机待机时间和自动锁屏时间。

> **说明** 笔记本电脑用户可以在【使用电源】和【使用电池】下对同一设置项分别设置不同的时间。

> **提示** 笔记本电脑用户可以在使用电源界面打开【合上笔记本时待机】开关，以便在合上笔记本电脑时自动待机。

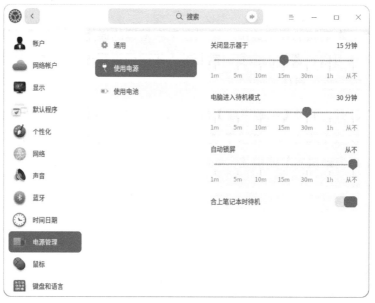

图 6.25  电源管理界面

# 6.3 连接类设置

控制中心连接类设置模块包括网络设置模块和蓝牙设置模块。计算机如果没有网络连接就无法进行许多操作，统信 UOS 有多种连接网络的方法，用户可以根据需求选择相应的方法进行连接。除网络连接外，统信 UOS 还可以通过蓝牙在短距离内与其他蓝牙设备实现无线连接。

## 6.3.1 网络设置

登录系统后，计算机需要连接网络，才能进行接收邮件、浏览新闻、下载文件、聊天、网上购物等操作。

### 1. 有线网络

有线网络的特点是安全、快速、稳定，是较常见的网络连接方式。设置好路由器后，把网线两端分别插入计算机和路由器，即可连接有线网络，具体操作步骤如下。

**01** 将网线插入计算机上的网络插口，将网线的另一端插入路由器或网络端口。

**02** 在控制中心首页，单击【网络】按钮 。

**03** 单击【有线网络】，进入有线网络设置界面，打开【有线网卡】开关，开启有线网络连接功能，如图 6.26 所示。当网络连接成功后，桌面上方将弹出"已连接有线连接"的提示信息。

> **提示** 单击任务栏托盘区的网络图标，即可查看当前网络状态。

图 6.26　网络设置

在有线网络设置界面还可以编辑或新建有线网络设置，操作步骤如下。

**01** 在控制中心有线网络设置界面，单击添加网络设置按钮➕。

**02** 在弹出的窗口中设置通用、安全、IPv4 或 IPv6 等信息，如图 6.27 所示。

**03** 单击【保存】按钮，系统将自动创建有线连接并尝试连接。

图 6.27　有线网络设置

## 2. 无线网络

与有线网络相比，无线网络摆脱了线缆的束缚，上网形式更加灵活。

**（1）连接无线网络**

连接无线网络的具体操作步骤如下。

**01** 在控制中心网络设置界面，单击【无线网络】进入无线网络设置界面，单击打开【无线网卡】开关，开启无线网络连接功能，计算机会自动搜索并显示附近可用的无线网络，如图 6.28 所示。

图 6.28　无线网络连接

**02** 单击某个无线网络后的 >，弹出无线网络设置窗口，可打开【自动连接】开关，单击【保存】按钮，下次打开【无线网卡】开关后，计算机可自动连接该无线网络。另外在无线网络设置窗口，单击【取消】按钮，返回无线网络设置界面；单击【删除】按钮，将清除该无线网络配置，下次连接该网络时需要重新输入配置信息，如图 6.29 所示。

图 6.29　无线网络设置

**03** 选择需要连接的无线网络，此时可能会出现如下两种情况。

◇ 如果该网络是开放的，计算机将自动连接到此网络。

◇ 如果该网络是加密的，需要根据提示输入正确密码，单击【连接】按钮，计算机将自动完成连接。

（2）连接隐藏网络

为了防止他人扫描到个人的 Wi-Fi，进而破解 Wi-Fi 密码连接到个人网络，可以在路由器的设置界面隐藏无线网络，并通过控制中心的【连接到隐藏网络】连接到隐藏的无线网络，在路由器中设置隐藏无线网络的操作步骤如下。

**01** 接通路由器电源后，在浏览器地址栏输入路由器背面标签上的网址或 IP 地址（如 192.168.1.1），并输入密码等，进入路由器设置界面。

**02** 选择【无线设置】，在无线设置界面【基本设置】中，单击【信号隐藏】按钮。

在路由器中完成无线网络设置后，用户需要手动连接到隐藏网络才能上网，具体操作步骤如下。

**01** 在控制中心无线网络设置界面，单击【连接到隐藏网络】，如图 6.30 所示。

图 6.30　连接到隐藏网络

**02** 在弹出的窗口中输入网络名称和其他必填选项，单击【保存】按钮，如图 6.31 所示。

图 6.31　连接到隐藏网络详细设置

### 3. 个人热点

通过【个人热点】可将计算机自身转换为 Wi-Fi 热点，以供一定距离内的其他设备进行无线连接。想要开启个人热点，计算机必须装有无线网卡。开启个人热点的具体操作步骤如下。

**01** 在控制中心网络设置界面，单击【个人热点】。

**02** 如果还未设置过热点，在个人热点设置界面打开【热点】开关，在弹出的窗口中设置热点信息，如图 6.32 所示，单击【保存】按钮，即可添加热点。如果已添加热点，可单击添加热点按钮⊕弹出添加热点窗口进行添加，如图 6.33 所示。

图 6.32　添加热点窗口

图 6.33　个人热点设置

## 4．移动网络

如果周围没有网络信号，可以使用无线上网卡来上网。使用无线上网卡可以在有电话信号覆盖的任何地方，通过运营商的移动网络接入宽带服务，具体操作步骤如下。

**01** 将无线上网卡插入计算机的 USB 接口，计算机将根据无线上网卡和运营商信息，进行自动适配并连接网络。

**02** 在控制中心网络设置界面，单击【移动网络】即可查看详细的设置信息，如图 6.34所示。

图 6.34　移动网络设置

### 5. 拨号网络

拨号上网（Digital Subscriber Line，DSL）是指通过本地电话拨号连接到网络的连接方式。配置好调制解调器并将之连接到计算机的网络接口，创建宽带拨号连接，输入运营商提供的用户名和密码，即可拨号连接网络，具体操作步骤如下。

**01** 在控制中心网络设置界面，单击【DSL】，单击创建 PPPoE 连接按钮，将弹出图 6.35 所示的窗口。

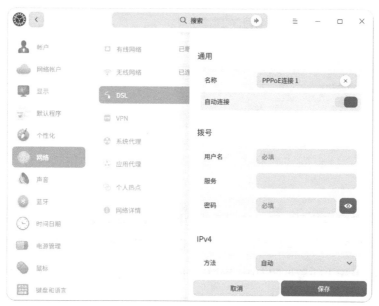

图 6.35  DSL 设置

**02** 在弹出的窗口中输入宽带名称、用户名以及密码等，单击【保存】按钮，系统将自动创建宽带连接并尝试连接。

### 6. VPN

VPN 即虚拟专用网络，其主要功能是在公用网络上建立专用网络进行加密通信。无论是在外地出差还是在家中办公，只要上网就能利用 VPN 访问企业的内网资源。控制中心支持手动添加和导入 VPN，具体操作步骤如下。

**01** 在控制中心网络设置界面，单击【VPN】，在 VPN 设置界面单击添加 VPN 按钮，在弹出的窗口中选择 VPN 协议类型，并输入名称、网关、账号、密码等信息，或单击导入 VPN 按钮，在弹出的文件管理器对话框中选择导入的 VPN，系统会自动填充信息，如图 6.36 所示。

**02** 单击【保存】按钮，系统将自动尝试连接 VPN 网络。

**03** 在添加 VPN 窗口中，单击【导出】按钮，可以将 VPN 设置导出备用或共享给其他用户。

> **说明** 在添加 VPN 窗口打开【仅用于相对应的网络上的资源】开关，可以不将 VPN 设置为默认网络，使之只针对特定的网络资源生效。

图 6.36　VPN 设置

## 7．系统代理

系统代理是一种特殊的网络服务，它可以代理网络用户去获取网络信息，还可以突破自身 IP 访问限制访问国外站点等。设置系统代理的操作步骤如下。

**01** 在控制中心网络设置界面，单击【系统代理】，进入系统代理设置界面，如图 6.37 所示。

图 6.37　系统代理设置

**02** 在系统代理设置界面单击【无】，可关闭代理服务器功能；单击【手动】，输入代理服务器的地址和端口信息，单击【保存】按钮，可手动完成代理服务器信息的配置；单击【自动】，输入 URL，单击【保存】按钮，系统将自动配置代理服务器的信息。

## 8．应用代理

应用代理是指运行在 Web 服务器或某一台单独的主机上的代理服务器应用。它可以对网络上的信息进行监听和检测，并对访问内网的数据进行过滤，从而起到隔断内网与外网直接通信的作用，以保护内网数据安全。设置应用代理的操作步骤如下。

**01** 在控制中心网络设置界面，单击【应用代理】，如图 6.38 所示。

图 6.38　应用代理设置

**02** 在应用代理设置界面中设置应用代理参数，单击【保存】按钮。

> **说明** 应用代理设置成功后，打开启动器，右键单击应用图标，可以选择【使用代理】。

### 9. 网络详情

在控制中心网络设置界面，单击【网络详情】进入网络详情界面，可以查看当前连接的有线网络或无线网络的信息，包括 MAC、IP 地址、网关以及其他网络信息，如图 6.39 所示。

图 6.39　查看网络详情

## 6.3.2 蓝牙设置

蓝牙能够实现短距离的无线通信。通过蓝牙无须网络或连接线就可以与附近的其他蓝牙设备连接，常见的蓝牙设备包括蓝牙键盘、蓝牙鼠标、蓝牙耳机、蓝牙音响等。

> **说明** 笔记本电脑大多数都配备蓝牙设置模块，开启蓝牙开关即可使用蓝牙功能；而台式计算机大多数没有配备蓝牙，需要购买蓝牙适配器，插入计算机的 USB 端口才能使用蓝牙功能。

### 1. 修改蓝牙名称

修改本机的蓝牙名称，可以在使用蓝牙时方便在其他设备中进行识别，具体操作步骤如下。

**01** 在控制中心首页，单击【蓝牙】按钮。

**02** 在蓝牙设置界面，单击蓝牙名称旁的，输入本机新的蓝牙名称，如图 6.40 所示。

图 6.40 蓝牙设置

> **说明** 修改蓝牙名称后，将自动对外广播蓝牙设备的新名字，需要其他设备重新进行搜索。

### 2. 连接蓝牙设备

使用蓝牙功能可以与其他蓝牙设备进行连接，具体操作步骤如下。

**01** 在控制中心蓝牙设置界面，打开【蓝牙】开关，系统将自动扫描附近的蓝牙设备，并显示在【其他设备】列表。

**02** 在蓝牙设置界面单击想连接的蓝牙设备，在对应的设备上输入蓝牙配对码（若需要），配对成功后计算机将和设备自动连接。

**03** 连接成功后，蓝牙设备会添加到蓝牙设置界面中的【我的设备】列表中。在该列表中单击某设备，可以选择【断开连接】或【忽略此设备】，还可以修改设备的备注名称，如图 6.40 所示。

# 6.4 输入类设置

控制中心输入类设置模块包括鼠标触控板、数位板以及键盘和语言。用户可以根据使用习惯和需求在相应的设置模块进行设置和测试，提升输入设备的使用体验。

## 6.4.1 鼠标 / 触控板 / 指点杆

鼠标和触控板是计算机常用的输入设备。使用鼠标，可以使操作更加简便、快捷。对于笔记本电脑用户，在没有鼠标时，可以使用触控板代替鼠标进行操作。部分设备还支持指点杆，使用指点杆不需要将手指从基准键上移开便能操纵设备。在控制中心鼠标设置模块，用户可以对鼠标、触控板以及指点杆进行设置，让设备使用更加符合自己的习惯。

### 1. 通用设置

在鼠标的通用设置里，可以设置左手模式、滚动速度、双击速度等，操作步骤如下。

在控制中心首页，单击【鼠标】按钮 🖱 默认进入通用设置界面，打开【左手模式】开关，可通过拖曳滑块调节鼠标和触控板的滚动速度、调节鼠标的双击速度，设置完成后在双击测试的位置双击可查看双击速度的设置效果，如图 6.41 所示。

图 6.41　鼠标通用设置

> **说明** 开启左手模式后，鼠标和触控板的左右键功能互换。

> **提示** 如果设备没有触控板和指点杆，控制中心将不会出现触控板和指点杆设置模块，鼠标设置界面也不会显示【输入时禁用触控板】。

## 2. 鼠标设置

插入或连接鼠标后，在控制中心鼠标设置界面单击【鼠标】可对鼠标进行相关设置，详细操作步骤如下。

**01** 在控制中心鼠标设置界面，单击【鼠标】，如图 6.42 所示。

图 6.42　鼠标设置

**02** 拖曳滑块调节【指针速度】，控制鼠标移动时指针移动的速度。

**03** 单击打开【鼠标加速】开关和【自然滚动】开关，即可开启相应功能。

> **说明** 1.如果计算机没有触控板，鼠标设置界面不会显示【插入鼠标时禁用触控板】。
> 　　2.打开【鼠标加速】开关后，可以提高指针精确度，这是因为鼠标指针在屏幕上的移动距离会根据移动速度的加快而增加，该功能可以根据使用情况打开或关闭。打开【自然滚动】开关后，鼠标滚轮向下滚动时，内容会向下滚动；鼠标滚轮向上滚动时，内容会向上滚动。

## 3. 触控板设置

如果使用的是笔记本电脑，可以在通用设置界面打开【输入时禁用触控板】开关，在鼠标设置界面打开【插入鼠标时禁用触控板】开关，并在触控板设置界面打开【掌压检测】开关，设置最小接触面和最小压力值，以避免误触触控板。

在触控板设置界面还可以调节触控板的【指针速度】，控制手指移动时指针移动的速度；

打开【自然滚动】开关，可变更滚动方向，如图 6.43 所示。

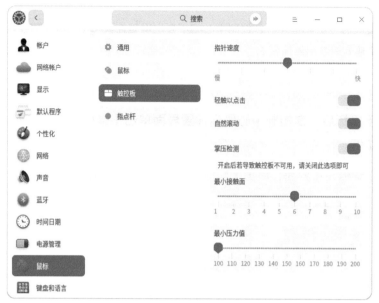

图 6.43　触控板设置（笔记本电脑）

### 4. 指点杆设置

指点杆常称为小红帽，是一种主要应用于笔记本电脑的定点设备，可用来控制指针的移动，指点杆设置的操作步骤如下。

**01** 在控制中心鼠标设置界面，单击【指点杆】，如图 6.44 所示。

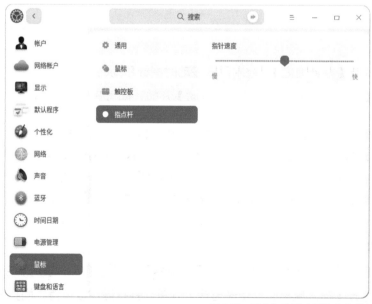

图 6.44　指点杆设置（笔记本电脑）

**02** 在指点杆设置界面拖曳滑块即可调节使用指点杆时指针移动的速度。

## 6.4.2 数位板

数位板，又名绘图板、绘画板、手绘板等，主要用于绘画创作，是计算机的一种输入设备。连接到计算机后，可以设置数位板的压感，即笔尖和橡皮擦的压力感应值，操作步骤如下。

> 说明　连接数位板设备后，该设置模块才会显示。

**01** 在控制中心首页，单击【数位板】按钮 。

**02** 在数位板设置界面选择【笔】模式，拖曳滑块调节【压感】，如图 6.45 所示。

图 6.45　数位板设置

## 6.4.3 键盘和语言

在键盘和语言设置模块可以设置键盘属性，以符合个人的输入习惯，还可以根据语言调整键盘布局、设置系统语言，以及自定义快捷键。

### 1. 通用设置

在键盘和语言的通用设置界面可设置重复延迟、重复速度、启用数字键盘以及大写锁定提示等，操作步骤如下。

**01** 在控制中心首页，单击【键盘和语言】按钮 默认进入键盘和语言的通用设置界面，如图 6.46 所示。

**02** 拖曳滑块调节【重复延迟】和【重复速度】。

**03** 单击【请在此测试】，按住键盘上的任意键不松开，可查看调节效果。

**04** 如果键盘包含数字键盘可单击打开或关闭【启用数字键盘】开关，通过控制中心控制数字键盘的启用与停用。单击打开【大写锁定提示】开关，在切换大小写时界面会弹出提示，显示当前输入法状态为大写还是小写。

图 6.46　通用设置

## 2. 键盘布局

键盘布局可以为当前语言设置自定义键盘。完成键盘布局设置后，按键盘上的键，屏幕上会按照键盘布局设置进行显示。更改键盘布局后，屏幕上的字符可能与键盘按键上的字符不相符。一般在安装操作系统时就已经设置了键盘布局，可以根据需求添加、删除或切换键盘布局。添加、删除以及切换键盘布局的详细操作步骤如下。

（1）添加键盘布局

**01** 在控制中心键盘和语言的设置界面，单击【键盘布局】，进入键盘布局设置界面，如图 6.47 所示。

图 6.47　键盘布局设置

**02** 单击添加按钮 ⊕，选择某一键盘布局，单击【添加】按钮即可将该键盘布局添加到键盘布局列表。

（2）删除键盘布局

**01** 在控制中心键盘和语言设置界面，单击【键盘布局】，进入键盘布局设置界面。

**02** 单击键盘布局后的【编辑】，再单击欲删除的某个键盘布局后的按钮 ⊖，单击【完成】，即可删除该键盘布局，如图 6.48 所示。

图 6.48　删除键盘布局

（3）切换键盘布局

添加完键盘布局后，可以根据需求切换键盘布局，具体操作步骤如下。

**01** 在控制中心键盘布局设置界面，选择某个键盘布局即可进行切换。

**02** 切换成功后，该键盘布局将被标记为已选择。

> 提示　除了在键盘布局设置界面切换键盘布局，还可以选择一组或多组快捷键，通过快捷键按顺序切换已添加的键盘布局。设置切换方式可以让切换后的键盘布局应用于整个操作系统或当前应用。

## 3. 系统语言

系统语言默认为安装操作系统时所选择的语言，可以随时进行更改。在系统语言列表中可以添加多种语言，以便切换系统语言。添加和切换系统语言的操作步骤如下。

**01** 在控制中心键盘和语言设置界面，单击【系统语言】，进入系统语言设置界面，如图 6.49 所示。

**02** 单击添加按钮 ⊕ 进入语言列表，选择某种语言，该语言将被自动添加到系统语言列表。

**03** 选择要切换的语言，系统将自动开始安装语言包，语言包安装完成后，需要注销后重新登录，使设置生效。

图 6.49　系统语言设置

> **注意**　更改系统语言后，键盘布局可能也会发生改变。重新登录时，需要确保使用正确的键盘布局来输入密码。

### 4. 快捷键

快捷键列表显示了系统的所有快捷键，在这里可以查看、修改以及自定义快捷键。

（1）查看和修改快捷键

**01**　在控制中心键盘和语言设置界面，单击【快捷键】，进入快捷键设置界面，可搜索或查看默认的系统快捷键、窗口快捷键以及工作区快捷键，如图 6.50 所示。

图 6.50　快捷键设置

**02** 单击需要修改的快捷键，会弹出新的快捷键的输入框，按键盘上的相应键即可设置新的快捷键。

> 提示 若要禁用快捷键，可按【←】键。若要取消修改快捷键，可按【Esc】键或单击下方的【恢复默认】按钮。

（2）自定义快捷键

对于常用的应用可以自定义一个快捷键，方便日常使用该应用。添加和删除自定义快捷键的操作步骤如下。

**01** 在快捷键设置界面，单击添加按钮➕，进入添加快捷键界面，如图 6.51 所示。

图 6.51　自定义快捷键

**02** 输入快捷键名称、命令以及快捷键，单击【添加】按钮。

**03** 添加成功后，在快捷键设置界面，单击自定义快捷键后的【编辑】。

**04** 单击某个快捷键后的 ➖ ，即可删除自定义的快捷键。

> 提示 修改自定义快捷键的方法与修改系统默认快捷键的方法一致。若要修改自定义快捷键的名称和命令，单击自定义快捷键后的【编辑】，单击快捷键名称后的✏，即可进入修改界面。

# 6.5 系统类设置

控制中心系统类设置模块包括更新设置模块、系统信息设置模块、通用设置模块以及辅助功能设置模块。用户可以根据需求在相应的模块查看计算机操作系统版本、硬件信息以及本机操作系统的版本授权情况，同时还可以进行操作系统更新等操作。

### 6.5.1 更新设置

当操作系统存在更新时，在控制中心首页会进行提示，单击【更新】按钮●可进入更新界面，检查完毕后，即可下载和安装更新。除此之外，在更新设置模块中还可以设置自动下载更新。

**1. 更新**

操作系统每隔一段时间就会有新版本发布，以优化旧版本，因此需要对操作系统进行更新。更新操作系统的具体操作步骤如下。

**01** 在控制中心首页，单击【更新】按钮●进入更新设置界面，单击【检查更新】按钮，开始检查更新。如果操作系统没有更新，将提示"您的系统已经是最新的"；如果操作系统存在更新，将显示【下载并安装更新】按钮，以及下载大小和更新详情，如图 6.52 所示。

图 6.52　更新设置界面

**02** 单击【下载并安装更新】按钮，系统将自动开始下载并安装更新，更新完成后，会出现"更新成功"提示。

> 说明　在下载过程中，可以单击【暂停】按钮暂停下载，再次单击即可继续进行下载。更新完成后，会弹出对话框提醒用户"重启"或"关机"。

**2. 自动下载更新**

除手动更新外，还可以设置自动下载更新。在控制中心更新设置界面，单击【更新设置】，打开【自动下载更新】开关，如图 6.53 所示。当系统有更新时，将自动下载更新。

图 6.53 自动下载更新

> **提示** 如果不想收到系统或应用更新的提示，可在更新设置中关闭【更新提醒】开关。打开【自动清除软件包缓存】开关，系统会定期清理下载软件包导致的缓存。

## 6.5.2 系统信息查看

在控制中心系统信息设置模块可以查看操作系统版本、计算机硬件等信息，以及一些协议。

在控制中心首页，单击【系统信息】按钮 ，默认进入关于本机界面，如图 6.54 所示，可以查看当前系统版本、类型、内核版本、处理器、内存等信息。

图 6.54 系统信息

类似地，在系统信息设置模块还可以查看版本协议和最终用户许可协议。

### 6.5.3 授权管理

授权管理是操作系统预装的工具，可以帮助激活操作系统，主要显示激活方式，以及未激活、激活成功和激活失败等界面。

**1. 未激活**

计算机操作系统在未激活状态下，在授权管理工具中可以查看未激活的详细信息，具体操作步骤如下。

**01** 运行授权管理工具有以下两种方式。

◇ 单击右下角托盘上的授权管理按钮 U 进入授权管理界面。

◇ 打开控制中心，单击【系统信息】按钮，单击【关于本机】，可查看【版本授权】栏，单击【激活】按钮进入授权管理界面。

**02** 未激活状态分为两种，包括未激活和过期未激活。

◇ 未激活：界面包括产品名称、产品版本以及授权状态信息。

◇ 过期未激活：在截止时间内未激活系统，界面包括产品名称、产品版本、授权状态、授权对象以及截止日期信息。

**03** 可根据需求选择不同的激活方式激活系统。

> **说明** 如果系统未激活，授权管理按钮 U 在开机后会一直显示在右下角的托盘中。

**2. 激活方式**

统信 UOS 支持在线激活和离线激活两种激活方式。

（1）在线激活

在线激活的前提是操作系统网络连接正常，下面讲解在线激活的 3 种方式。

① 试用期激活。每台设备仅有一次试用期激活的机会，从激活当天算起，有效期为 90 天。在试用期间可使用操作系统全部功能，具体操作步骤如下。

**01** 单击右下角托盘上的 U，进入授权管理界面，如图 6.55 所示。

**02** 单击【试用期激活】按钮，跳转到激活界面。

**03** 单击【立即激活】按钮，弹出二次确认对话框，单击【确定】按钮，进入试用期激活成功界面，任务栏授权管理图标变为 U，此时在授权管理界面，可查看试用到期时间等信息，也可以单击【输入序列号】或【导入激活文件】按钮永久激活系统，如图 6.56 所示。

图 6.55　未激活状态　　　　　　　　　　图 6.56　试用期激活

② 输入序列号。如果有序列号，可以用序列号激活系统，具体操作步骤如下。

**01** 在授权管理界面，单击【输入序列号】按钮，输入或粘贴正确的序列号，单击【立即激活】按钮，如图 6.57 所示。

**02** 弹出二次确认对话框，单击【确定】按钮，进入激活成功界面。

③ 导入激活文件。如果有激活文件可以将激活文件导入来激活系统，具体操作步骤如下。

**01** 在授权管理界面，单击【导入激活文件】按钮，弹出文件管理器对话框，选择扩展名为 .key 的激活文件，如图 6.58 所示。

图 6.57　输入序列号　　　　　　　　　　图 6.58　导入激活文件

**02** 单击【立即激活】按钮，弹出二次确认对话框，单击【确定】按钮，进入激活成功界面。

**（2）离线激活**

离线激活是网络连接异常时可使用的激活方式。离线激活的具体操作步骤如下。

**01** 选择输入序列号或导入授权文件激活时，如果系统检测到网络连接异常，会跳转到离线激活界面。在离线激活界面会显示二维码、序列号、机器 ID 及离线激活码输入框，如图 6.59 所示。

**02** 用手机扫描二维码后弹出激活界面，会显示当前机器 ID 和序列号，如图 6.60 所示。

图 6.59　离线激活

图 6.60　扫码激活

**03** 单击【立即激活】按钮，会弹出二次确认对话框，单击【确定】按钮，手机端进入激活成功界面，显示机器 ID、序列号以及离线激活码，如图 6.61 所示。

**04** 手动将手机端的离线激活码输入计算机端的离线激活码输入框，如图 6.62 所示。

**05** 单击【离线激活】按钮，进入激活成功界面。

图 6.61　手机端激活成功

图 6.62　计算机端输入离线激活码

### 3. 激活成功

系统激活成功后，桌面右下角托盘将不再显示授权管理图标，可通过控制中心查看系统激活信息。激活成功界面将显示产品名称、产品版本以及激活方式等信息，如图 6.63 所示。

● 产品名称：操作系统的名称。

- 产品版本：操作系统的版本。
- 授权状态：授权状态分为未授权、已过期、已授权，激活成功后会显示已授权。
- 授权对象：被授权的用户名称。
- 激活方式：激活方式包括序列号、激活文件及离线激活码，会根据实际激活方式显示。
- 到期时间：授权的到期时间。

图 6.63　激活成功

### 4．激活失败

若激活未成功，则会进入激活失败界面。

### 5．设置激活服务器

如果当前的激活服务器崩溃，可以打开授权管理工具，选择主菜单中的【设置】，自定义新的激活服务器。

## 6.5.4　通用设置

控制中心的通用设置模块包括启动菜单、开发者模式和用户体验计划。

### 1．启动菜单

启动菜单指的是开机后选择操作系统的菜单。在启动菜单中选择某一操作系统后，计算机开机时就会引导进入该操作系统。在控制中心可设置计算机启动时默认启动的操作系统，除此之外还可设置启动延时和主题，操作方法如下。

在控制中心首页，单击【通用】按钮◉默认进入启动菜单设置界面，如图 6.64 所示。单击或按【↓】键选择下方的选项，选中某一选项后，即可修改默认启动项。

图 6.64　启动菜单设置

当存在多个操作系统时，【启动延时】开关默认打开，开机后在启动菜单停留 5 秒，单击即可选择进入的操作系统；当仅存在一个操作系统时，【启动延时】开关默认关闭，开机后在启动菜单停留 1 秒，不需要选择操作系统。

打开【主题】开关，即可设置系统当前的主题为启动菜单的背景。

> **提示** 除上面的方法外，还可以将图片拖曳到窗口，来改变背景图片。

### 2. 开发者模式

进入开发者模式可以使用 root 权限，执行 sudo 操作，安装和运行未在应用商店上架的非商店签名应用。但进入开发者模式后可能会破坏系统完整性，且不再享有官方保修服务，需要谨慎使用。系统默认未进入开发者模式。进入开发者模式的操作步骤如下。

**01** 在控制中心通用设置界面单击【开发者模式】，如图 6.65 所示。

图 6.65　开发者模式

**02** 单击【进入开发者模式】按钮，如图 6.66 所示。

◇ 若选择【在线激活】，需要先登录网络账户。在弹出的对话框中仔细查看开发者模式免责声明，了解注意事项后，勾选【同意并进入开发者模式】，单击【确定】按钮。待下发证书后，【进入开发者模式】变为【已进入开发者模式】。

◇ 若选择【离线激活】，根据提示下载离线证书，导入证书后，即可进入开发者模式。

**03** 进入开发者模式后，在弹出的对话框中单击【立即重启】按钮，重启系统后，开发者模式即可生效。

图 6.66　在线激活与离线激活

> **注意**　进入开发者模式后不可退出或撤销，同时系统所有账号都将拥有 root 权限。

### 3．用户体验计划

用户体验计划会收集用户的硬件信息、应用信息以及系统信息，帮助统信 UOS 更好地了解用户的使用习惯，进而改善统信 UOS，提升用户体验。为了更好地使用该系统，建议用户开启用户体验计划，该计划可以随时参与或退出。参与或退出用户体验计划的具体操作步骤如下。

**01**　在控制中心通用设置界面，单击【用户体验计划】，打开【加入用户体验计划】开关，弹出统信 UOS 隐私协议对话框，查看隐私协议。

**02**　若同意该协议，勾选【同意并加入用户体验计划】，单击【确定】按钮即可。

**03**　如果想退出该计划，关闭【加入用户体验计划】开关即可。

## 6.5.5 辅助功能设置

在辅助功能设置模块，用户可以设置桌面智能助手、语音听写、语音朗读以及文本翻译功能。

### 1．桌面智能助手

桌面智能助手可通过语言命令协助用户处理各项事务，如查看天气、新建日历等。在桌面智能助手设置界面可设置桌面智能助手的语言，如中文 – 普通话、英语等，如图 6.67 所示。打开【在任务栏中显示】开关后，桌面智能助手的图标将在任务栏中显示，关闭开关则不在任务栏中显示，但仍可使用快捷键【Super】+【Q】来启用。

### 2．语音听写

使用语音听写功能可将语音自动转换为文字，也可通过快捷键【Ctrl】+【Alt】+【O】，或在桌面单击鼠标右键并在快捷菜单中选择【语音听写】来使用该功能。当计算机有音频输入设备时，默认语音听写为开启状态；当计算机没有音频输入设备时，则默认为关闭状态。

在控制中心语音听写设置界面可开启或关闭语音听写功能，同时还可以修改语音识别语言，支持识别中文－普通话和英语，默认情况下为中文－普通话，如图 6.68 所示。

图 6.67　桌面智能助手设置

图 6.68　语音听写功能设置

### 3. 语音朗读

使用语音朗读功能可朗读所选文本，可通过快捷键【Ctrl】+【Alt】+【P】，或在桌面单击鼠标右键并在快捷菜单中选择【语音朗读】来使用该功能。在控制中心语音朗读设置界面可进行如下设置，如图 6.69 所示。

- 语音朗读：开启或关闭语音朗读功能。当计算机有音频输出设备时，默认语音朗读为开启状态；当计算机没有音频输出设备时，则默认为关闭状态。

- 朗读控件显示：默认为关闭状态，设置为不展示朗读控件时，只是不展示朗读控件。
- 音源：设置语音音源，支持女声和男声，默认为女声。

图 6.69　语音朗读功能设置

### 4．文本翻译

使用文本翻译功能可翻译所选文本，可通过快捷键【Ctrl】+【Alt】+【U】，或在桌面单击鼠标右键并在快捷菜单中选择【文本翻译】来使用该功能。

在控制中心的文本翻译设置界面可开启或关闭文本翻译功能，该功能默认为开启状态，同时可修改翻译语言，支持中译英和英译中，默认为英译中，如图 6.70 所示。

图 6.70　文本翻译功能设置

# 第07章

# 文件和目录管理

统信 UOS 中的文件管理器是一款功能强大、简单易用的文件管理工具。它沿用了一般文件管理器的经典功能和布局，并在此基础上简化了用户操作，增加了很多特色功能。统信 UOS 中的文件管理器拥有一目了然的导航栏、智能识别的搜索框、多样化的视图和排序，这些特点让文件管理不再复杂。

# 7.1 浏览目录和文件

单击任务栏中的文件管理器图标  可打开文件管理器，也可双击桌面的【计算机】图标进入文件管理器，如图 7.1 所示。双击【我的目录】下的文件夹或单击左侧的文件目录，可以直接进入对应的文件夹。

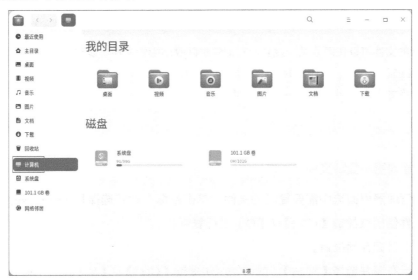

图 7.1 文件管理器

# 7.2 新建、删除、复制以及移动文件

在文件管理器中可以进行新建、删除、复制以及移动文件等操作。

## 7.2.1 新建文件

在文件管理器中可以根据需要新建文档或新建文件夹。

### 1. 新建文档

在文件管理器中可以新建 4 种类型的文档，包括办公文档、电子表格、演示文档以及文本文档。新建文档的操作步骤如下。

**01** 在文件管理器界面上单击鼠标右键。

**02** 单击【新建文档】，选择新建文档的类型，如图 7.2 所示。

**03** 设置新建文档的名称。

### 2. 新建文件夹

在文件管理器中新建文件夹的操作步骤如下。

**01** 在文件管理器界面上单击鼠标右键。

**02** 单击【新建文件夹】。

图 7.2 新建文档

**03** 设置新建文件夹的名称。

## 7.2.2 删除文件

在文件管理器中删除文件的操作步骤如下。

**01** 在文件管理器界面上，右键单击文件，弹出快捷菜单，如图7.3所示。

**02** 选择【删除】。

> **注意** 被删除的文件可以在回收站中找到，右键单击回收站中的文件可以进行【还原】或【删除】操作。被删除的文件的快捷方式将会失效。在外接设备上删除文件会将文件彻底删除，无法从回收站中找回。

图 7.3  快捷菜单

## 7.2.3 复制文件

在文件管理器中复制文件的操作步骤如下。

**01** 在文件管理器界面选中需要复制的文件，单击鼠标右键并选择【复制】，如图7.3所示。或者选中文件使用快捷键【Ctrl】+【C】进行复制。

**02** 选择一个目标存储位置。

**03** 单击鼠标右键并选择【粘贴】，或者使用快捷键【Ctrl】+【V】进行粘贴。

## 7.2.4 移动文件

文件可以从原来所在的文件夹移动到另一个文件夹，移动文件的方式有如下两种。

### 1. 剪切和粘贴

通过剪切和粘贴移动文件的操作步骤如下。

**01** 在文件管理器界面上选中文件，单击鼠标右键并选择【剪切】，如图7.3所示，或者使用快捷键【Ctrl】+【X】进行剪切。

**02** 选择一个目标存储位置。

**03** 单击鼠标右键并选择【粘贴】，或者使用快捷键【Ctrl】+【V】进行粘贴。

### 2. 通过拖曳

通过拖曳移动文件的操作步骤如下。

**01** 同时打开文件原来所在文件夹和移动的目标文件夹。

**02** 单击选中需要移动的文件，直接拖曳到目标文件夹中。

# 7.3 查找文件与配置文件权限

在文件管理器中可以通过文件查找功能快速地找到目标文件，还可以为文件配置不同的权限。

## 7.3.1 查找文件

在文件管理器中可以使用搜索和高级搜索功能来查找文件。

### 1. 搜索

通过搜索来查找文件的操作步骤如下。

**01** 在文件管理器中单击搜索按钮 ，或使用快捷键【Ctrl】+【F】调出地址栏。

**02** 在地址栏中输入关键词，按【Enter】键，即可查找相关文件。

### 2. 高级搜索

如果想快速搜索，可以使用高级搜索。通过高级搜索来查找文件的操作步骤如下。

**01** 在搜索状态下，单击右侧的高级搜索按钮 进入高级搜索界面。

**02** 选择搜索范围、文件类型、文件大小以及修改时间进行更精准的搜索，快速找到目标
文件，如图 7.4 所示。

图 7.4　高级搜索

## 7.3.2 配置文件权限

可以针对不同的对象，给文件配置不同的权限，从而达到保护文件的目的。配置文件
权限的操作步骤如下。

**01** 在目标文件上，单击鼠标右键，选择【属性】。

**02** 单击【权限管理】，为所有者、群组、其他等用户设置文件权限，文件权限可设置为读

写或只读，如图 7.5 所示。

图 7.5 权限管理

# 7.4 文件共享

设置共享文件后，【我的共享】将会出现在导航栏上。当所有
共享文件都取消共享后，【我的共享】会自动从导航栏中移除，如图 7.6 所示。

## 7.4.1 共享本地文件

通过共享本地文件，可以将文件共享给
局域网中的其他用户。共享本地文件的操作
步骤如下。

**01** 在文件管理器界面上，选中需要共享的
文件夹，单击鼠标右键，选择【共享文件夹】。

**02** 在弹出的文件夹属性窗口，勾选【共享此
文件夹】，根据需要设置共享名、权限，以及
是否允许匿名访问，然后关闭窗口，如图 7.7 所示。

**03** 在文件管理器界面上，单击主菜单按钮≡，选择【设置共享密码】。

**04** 在弹出的窗口中输入共享密码，单击【确定】按钮，即可完成文件共享，如图 7.8
所示。

图 7.6 我的共享

图 7.7 共享文件

图 7.8 设置共享密码

## 7.4.2 访问共享文件

局域网中其他用户共享的文件一般都可以在网络邻居中找到，
也可以通过信息服务块（Server Messages Block，SMB，一种
在局域网上共享文件和打印机的通信协议）访问共享文件。访问
共享文件的操作步骤如下。

**01** 打开文件管理器，在地址框中输入局域网用户的共享地址，
一般为 IP 地址，按【Enter】键进行访问。

**02** 选择注册用户访问或匿名访问，如图 7.9 所示。

图 7.9 访问共享文件

◇ 未加密的网络文件可以匿名访问，不需要输入用户名和密码。

◇ 加密的网络文件会弹出登录框，输入用户名和密码之后才能访问。用户名是安装操作系统时创建的用户名，即登录操作系统的用户名。密码是共享文件时设置的共享密码。如果在用户名和密码提示框中勾选【记住密码】，访问成功后再次访问时不再需要输入密码。

**03** 单击【连接】按钮，连接成功后即可访问共享文件。

# 7.5 文件的压缩与解压缩

计算机的磁盘空间是有限的，使用文件压缩工具可以很大程度地缩小文件在磁盘中占用的空间，从而可以在计算机中储存更多的文件。文件被压缩后，传输的速度也会更快。需要打开文件时，也可以解压缩文件。本节主要介绍文件压缩与解压缩的工具和使用方法。

图 7.10　预装的归档管理器

## 7.5.1 使用归档管理器

归档管理器是统信 UOS 预装的一款解压缩工具，可以在启动器中找到，如图 7.10 所示。

### 1. 压缩文件

**01** 选择需要压缩的文件或文件夹，单击鼠标右键，选择【压缩】，如图 7.11 所示。

**02** 在弹出的压缩设置界面，可设置压缩文件的文件名、存储路径、是否加密等，如图 7.12 所示。

**03** 设置完成后，单击【压缩】按钮。压缩成功后，会弹出"压缩成功"提示界面，如图 7.13 所示。单击【查看文件】按钮，可跳转到压缩文件所在的文件夹。

图 7.11　压缩

图 7.12　压缩设置

图 7.13　压缩成功

### 2. 解压缩文件

选择需要解压缩的文件，单击鼠标右键，可选择【解压缩】或【解压缩到当前文件夹】，如图 7.14 所示。

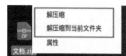

- 若选择【解压缩】，可设置解压后文件的存储路径，如图 7.15 所示。设置完后，单击【解压】按钮，则完成了文件的解压缩。

- 若选择【解压到当前文件夹】，解压后文件将自动存放在当前文件夹中。

图 7.14　解压缩

图 7.15　解压缩设置

### 7.5.2 使用命令行

除了使用统信 UOS 预装的归档管理器，还可以通过命令行进行压缩和解压缩。统信 UOS 支持多种压缩命令，下面介绍使用较多的 4 种压缩命令，分别是 tar 命令、zip 命令、bzip2 命令以及 gzip 命令。

这里以 file1 和 file2 文件夹为例，介绍如何使用 tar 命令压缩和解压缩文件。

### 1. 压缩文件

**01** 在文件管理器的【主目录】中找到 file1 文件夹，在界面空白处单击鼠标右键，选择【在终端中打开】，如图 7.16 所示。

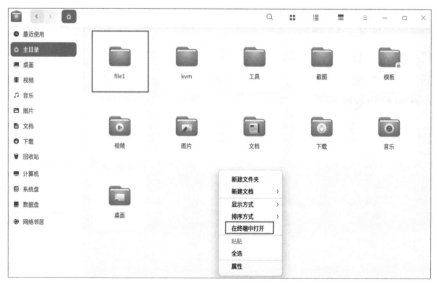

图 7.16　在终端中打开

**02** 在终端中输入 `tar -cvf file1.tar file1`，按【Enter】键后，如图 7.17 所示，没有

提示错误，表示文件压缩成功。

**03** 在主目录文件夹中可查看压缩文件 file1.tar，如图 7.18 所示。

### 2. 解压缩文件

**01** 在文档管理器的【主目录】中创建一个文件夹 file2，用于存放解压缩的文件。在主目录界面空白处，单击鼠标右键，选择【在终端中打开】。

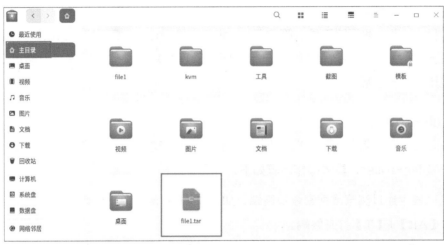

图 7.17　压缩文件

图 7.18　查看压缩文件

**02** 在终端中输入 tar -xvf file1.tar -C file2，按【Enter】键后，如图 7.19 所示，没有提示错误，表示解压缩成功。

**03** 打开 file2 文件夹可查看被解压的 file1 文件夹，如图 7.20 所示。

图 7.19　解压缩文件

图 7.20　查看被解压文件夹

类似地，还可使用 zip 命令、bzip2 命令以及 gzip 命令压缩和解压缩文件，还是以压缩 file1 文件夹和将 file1.zip 压缩文件解压到 file2 文件夹为例。具体操作步骤与使用 tar 命令压缩和解压缩文件类似，这里不再重复讲解，仅展示相关命令，如表 7-1 所示。

表 7-1　压缩和解压缩文件命令

| 命令名称 | 对 file1 文件夹进行压缩的命令 | 将 file1.zip 压缩文件解压到 file2 文件夹的命令 |
|---|---|---|
| zip | zip file1.zip file1 | unzip file1.zip -d file2 |
| bzip2 | bzip2 file1 | 1.bunzip2 file1.bz2<br>2.bzip2 -d file1.bz2 |
| gzip | gzip file1 | 1.gunzip file1.gz<br>2.gzip -d file1.gz |

### 7.5.3 使用图形 file-roller 解压缩工具

图形 file-roller 解压缩工具，简称 file-roller，是 gnome 桌面环境的默认归档管理器，属于第三方开源软件，与统信 UOS 自带的归档管理器功能类似。用户可以通过命令行安装或在应用商店安装后使用。

#### 1. 安装 file-roller

file-roller 可在应用商店中下载并安装，详细操作步骤参见 8.1 节。这里讲解如何使用命令行安装 file-roller，具体操作步骤如下。

**01** 在启动器中通过浏览或搜索查找终端，如图 7.21 所示，单击即可打开，或使用快捷键【Ctrl】+【Alt】+【T】打开终端。

**02** 在终端中输入 sudo apt-get install file-roller，按【Enter】键后，提示需要输入开机密码，终端中会显示软件包的信息。确认信息无误后，输入【Y】或按【Enter】键后即可开始安装，如图 7.22 所示。

图 7.21　打开终端

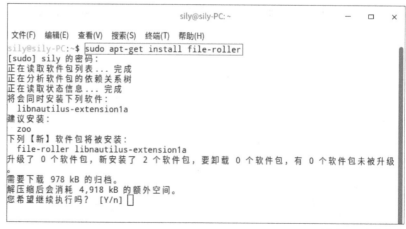

图 7.22　开始安装

**03** 安装完成后，可以在启动器中找到归档管理器，即 file-roller，如图 7.23 所示。

#### 2. 压缩文件

**01** 打开归档管理器，在归档管理器界面上单击 ▊，选择【新建归档】，如图 7.24 所示。

图 7.23　归档管理器

图 7.24　新建归档

**02** 在弹出的新建归档文件窗口中填写归档信息，包括压缩文件的文件名和储存路径，还可以选择是否加密。填写完成后，单击【创建】按钮，如图 7.25 所示。

**03** 创建成功后，单击界面上方的添加文件按钮＋，弹出文件管理器界面，选择需要压缩的文件，单击【添加】按钮，即可完成文件压缩，如图 7.26 所示。

**04** 如果想要继续添加文件，双击压缩文件，弹出归档管理器界面，使用同样的方法继续添加需要压缩的文件。

图 7.25　归档信息

图 7.26　添加压缩文件

### 3. 解压缩文件

**01** 双击待解压的压缩文件，弹出归档管理器界面，可看到压缩文件里的文件夹，如图 7.27 所示。

图 7.27 双击压缩文件

**02** 单击【提取】，跳转到文件管理器界面，选中需要解压的压缩文件，单击【打开】按钮，如图 7.28 所示。

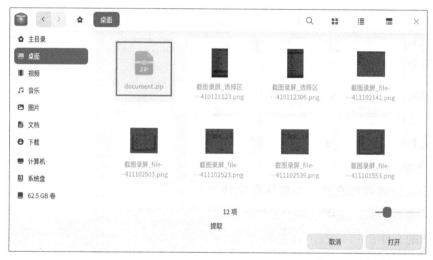

图 7.28 选择待解压文件

**03** 解压成功后，在弹出的提示框中单击【显示文件】，即可打开文件所在的文件夹，如图 7.29 所示。归档管理器默认将压缩文件解压到当前文件夹。

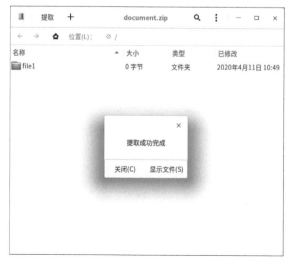

图 7.29 解压成功

# 第 **08** 章

## 软件管理

统信 UOS 的软件管理工具包括应用商店和基于命令行的包管理器，用户可以根据实际情况选择合适的工具去搜索、安装及卸载应用软件。本章将介绍这两种工具的使用方法。

# 8.1 应用商店

统信 UOS 预装的应用商店是一款集应用展示、下载、安装、卸载、评论、评分、推荐于一体的应用程序。应用商店精心筛选和收录不同类别的应用，每款应用都经过人工安装和验证。在应用商店中可以搜索热门应用，一键下载并自动安装。打开应用商店的操作步骤如下。

**01** 单击屏幕左下角的启动器按钮 ，进入启动器界面。

**02** 上下滚动鼠标滚轮浏览或通过搜索，找到应用商店图标 ，单击即可打开应用商店，应用商店界面如图 8.1 所示。

图 8.1 应用商店界面

## 8.1.1 登录应用商店

应用商店支持网络账户登录，操作步骤如下。

**01** 在应用商店界面，单击标题栏上的头像，选择【登录】。

**02** 弹出网络账户登录界面，输入账户（用户名 / 邮箱 / 手机号）和密码，单击【登录】按钮即可，如图 8.2 所示。

## 8.1.2 同步应用

使用网络账户的同步应用功能后，在其他的设备上可以快速安装所需的应用。同步应用功能的使用方法如下。

**01** 登录成功后，在应用商店界面，选择【我的应用】，进入我的应用界面。

图 8.2 登录应用商店

**02** 单击【云端应用】，即可看到该账号下安装的全部云端应用，如图 8.3 所示。

图 8.3　云端应用

**03** 单击想要安装的云端应用后的【安装】按钮，即可安装该应用，安装完成后，应用会同步显示在本地应用和云端应用。

**04** 如果想要进行批量安装，可以单击【一键安装】按钮，在弹出的对话框中勾选想要安装的云端应用，单击【开始安装】按钮，即可批量下载并安装选择的云端应用，如图 8.4 所示。

图 8.4　一键安装

> **说明** 应用商店只有在登录的状态下，安装的应用才会显示在云端应用中，云端应用才可以同步到其他设备上。

### 8.1.3 搜索应用

应用商店自带搜索功能，支持文字和语音两种搜索方式。

● 文字搜索：单击搜索按钮 ，输入关键字。

● 语音搜索：单击语音助手按钮 ，输入语音，语音会转化为文字显示在搜索框中。

输入关键字后，搜索框下方将自动显示包含该关键字的所有应用，如图 8.5 所示。

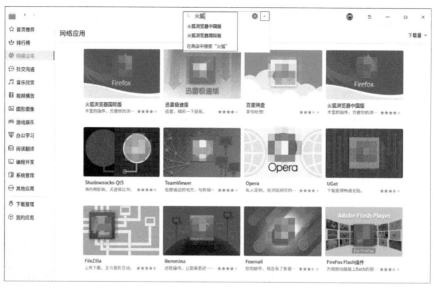

图 8.5　搜索应用

### 8.1.4 安装应用

应用商店提供一键式的应用下载和安装，无须手动处理。在下载和安装应用的过程中，可以进行暂停、删除等操作，还可以查看当前应用下载和安装的进度，具体操作步骤如下。

**01** 在应用商店界面，将鼠标指针悬停在应用的封面图或名称上，单击【安装】按钮，即可开始下载和安装该应用，如图 8.6 所示。

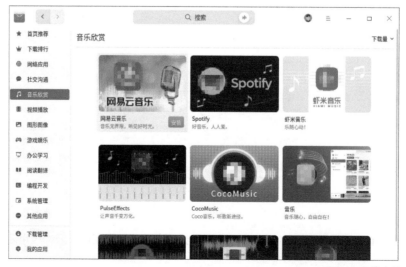

图 8.6　安装应用

> **提示** 如果想要详细了解应用，可单击应用的封面或名称进入应用详情页面，查看应用的基本信息，然后再进行安装。

**02** 单击【下载管理】，进入界面后可以查看应用安装的进度，如图 8.7 所示。

图 8.7　查看应用安装进度

**03** 安装完后，应用就显示在本地应用中，如图 8.8 所示。

图 8.8　本地应用

## 8.1.5 更新应用

如果需要更新和升级应用，可以通过控制中心来设置更新和升级应用，具体操作请参阅 6.5.1 小节。

### 8.1.6 卸载应用

对于不再使用的应用，可以选择将其卸载，以节省硬盘空间。卸载应用有如下两种方式。

**1. 通过启动器**

通过启动器卸载应用的操作步骤如下。

**01** 在启动器界面，右键单击应用图标。

**02** 单击【卸载】，如图 8.9 所示。

图 8.9 卸载应用

> **提示** 在【时尚模式】下，可以在启动器的全屏模式界面，按住鼠标左键不放，将应用图标拖曳到任务栏的回收站中卸载该应用。

**2. 通过应用商店**

通过应用商店卸载应用的操作步骤如下。

**01** 在应用商店界面，单击【我的应用】。

**02** 在我的应用界面，单击【本地应用】。

**03** 单击想要卸载应用后的【卸载】按钮，即可卸载该应用，如图 8.10 所示。

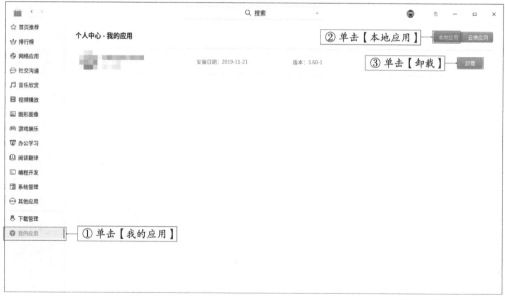

图 8.10 应用商店卸载应用

# 8.2 基于命令行的包管理器

8.1 小节介绍了图形化的软件管理工具——应用商店，本节主要介绍基于命令行的软件管理工具——包管理器。

## 8.2.1 包管理器介绍

包管理器是 Linux 操作系统蓬勃发展的关键因素。包管理器的存在，使得操作系统软件的安装、更新、卸载变得十分容易。脱离了传统 Linux 操作系统，如 LFS（Linux From Scratch 的简称，可简单理解为从头开始制作 Linux），每新安装一个软件，就需要去网上下载软件的源码，然后在操作系统中编译，才能进行安装。卸载时需要记住每个软件安装的路径，否则就会卸载不干净，记错或误删文件还可能会导致操作系统崩溃。

统信 UOS 是基于 Debian 开发的，其包管理器也沿用了 Debian 的方法。Debian 开发了一套规则来规范系统的行为，统信 UOS 基于这套规则，开发了 apt 包管理器，有了 apt 包管理器，普通用户就不需要了解复杂的规则，只需要了解基本的安装、卸载等命令即可完成相关操作。

## 8.2.2 包管理器的常用命令

本节主要介绍统信 UOS 中包管理器的常用命令。

### 1. apt

apt 是一个简单的软件包下载和安装的命令行接口，只需要软件包名，apt 就会自动去软件仓库搜索软件包名，然后进行下载和安装。如果下载的软件包还依赖其他的包，apt 会自动下载并安装依赖包。表 8.1 所示为 apt 中常见的命令。

**表 8.1　apt 中常见的命令**

| 命令 | 说明 |
| --- | --- |
| apt-get install <package> | 安装软件 |
| apt-get -f install <package> | 修复安装的软件 |
| apt-get remove <package> | 卸载软件包 |
| apt-get remove <package> – purge | 卸载软件包的同时删除其配置文件 |
| apt-get update | 更新软件源 |
| apt-get upgrade | 更新已安装的软件包 |

统信 UOS 安装完成后，操作系统有一个默认的软件源，软件源配置文件路径为 /etc/apt/sources.list。根据使用需求可以手动配置软件源，配置过程如下。

**01** 打开终端，输入命令 `sudo vim /etc/apt/sources.list`。

**02** 添加或修改 sources.list 配置文件。

**03** 编辑完成后保存退出，然后执行 `sudo apt-get update` 命令，使新的软件源生效。

> **提示**　在终端执行 `apt-get-help` 命令，可以获得 apt 命令的完整帮助信息。

## 2. dpkg

dpkg 是一种软件包安装、删除、编译以及管理的工具，与 apt 不同是，dpkg 不自动安装软件包的依赖包。

dpkg 的命令格式为：dpkg【选项】【软件包名】，选项和说明如表 8.2 所示。

**表 8.2　dpkg 中命令选项和说明**

| 选项 | 说明 |
| --- | --- |
| -i | 安装软件包 |
| -r | 删除软件包 |
| -P | 删除软件包的同时删除其配置文件 |
| -L | 显示于软件包关联的文件 |
| -l | 显示已安装软件包列表 |
| --unpack | 解开软件包 |
| -c | 显示软件包内文件列表 |
| --confiugre | 配置软件包 |

> **提示**　在终端执行 dpkg -help 命令，可以获得 dpkg 命令的完整帮助信息。

### 8.2.3　其他主流的包管理器

Linux 操作系统有两大包管理器，一个是 apt，一个是 YUM。apt 包管理器管理 .deb 格式的安装包，YUM 包管理器管理 .rpm 格式的安装包。主流包管理器管理包格式和支持的操作系统如表 8.3 所示。

**表 8.3　主流包管理器管理包格式和支持的操作系统**

| 包管理器 | 包格式 | 操作系统 |
| --- | --- | --- |
| apt, apt-get, dpkg | .deb | UOS, Debian, Ubuntu |
| YUM, DNF | .rpm | Fedora, CentOS, RHEL, openSUSE |

包管理器可以混装，如可以在 Debian 上安装 YUM，同时也可以安装 apt。但是这样安装后容易导致操作系统混乱，所以建议一个操作系统中只安装一种包管理器。

第**09**章

# 文档处理

文档作为信息的载体，在社会生活中占有十分重要的地位。想在统信 UOS 中处理文档，用户需要配置和使用一系列的应用，如输入法配置、语音输入、WPS 办公软件的安装和使用以及编辑器使用等。

# 9.1 输入法配置

输入法配置 是统信 UOS 预装的应用，用以对操作系统中已安装的输入法进行设置，包括快捷键、外观等，新安装的输入法也会同步显示到该应用的输入法列表中。

输入法配置应用可通过以下两种方式打开。

图 9.1　输入法配置界面

- 单击屏幕左下角的启动器按钮 ，进入启动器界面。上下滚动鼠标滚轮浏览或通过搜索，找到输入法配置图标 ，单击即可打开。

- 在任务栏托盘上右键单击输入法按钮 ，选择【配置】，进入输入法配置页面，如图 9.1 所示。

打开输入法配置应用后默认进入输入法配置界面，可以添加、删除、调整输入法上下顺序和设置输入法，操作方法如下。

- 在输入法配置界面选中一个不再使用的输入法，单击删除按钮 – ，即可删除该输入法，在切换输入法时被删除的输入法将不会出现。

- 如果后续还想使用已删除的输入法，可以单击添加按钮 + ，在弹出的添加输入法对话框中选中需要的输入法，单击【确认】按钮，即可将输入法添加到输入法配置界面，重新启用该输入法，如图 9.2 所示。

- 在输入法配置界面选中输入法，单击向上按钮 ∧ 或向下按钮 ∨ ，即可调整该输入法在列表中的顺序。

- 选中想要设置的输入法，单击设置按钮 ，可根据操作习惯对输入法进行个性化设置，这里以 Sunpinyin 为例，界面如图 9.3 所示。

图 9.2　添加输入法

图 9.3　输入法设置

在输入法配置界面，单击【全局配置】，可根据操作习惯在全局配置界面设置输入法快捷键、程序以及输出的相关选项，如图 9.4 所示。

在输入法配置界面，单击【外观】，可设置输入法界面的字体大小、字体以及皮肤等，如图 9.5 所示。

图 9.4　全局配置　　　　　　　　　　　　　　　图 9.5　外观

在输入法配置界面，单击【附加组件】，可根据个人习惯配置拼写、输入法选择器、快速输入以及剪贴板等组件。选中想要添加的组件后，单击【配置】按钮，即可进行设置，如图 9.6 所示。

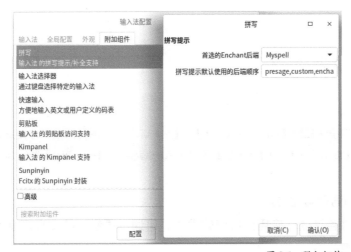

图 9.6　附加组件

# 9.2 语音输入

对于普通话较好的人来说，语音输入文字的速度会比键盘输入更快。统信 UOS 中有两种语音输入的方式，一是通过桌面智能助手输入，二是通过软件中的语音功能输入。

### 1. 通过桌面智能助手输入

桌面智能助手是统信 UOS 预装的应用，它支持语音输入，可帮助用户查找信息、操作某些指令等。通过桌面智能助手进行语音输入的操作步骤如下。

**01** 单击任务栏上的桌面智能助手图标 ，或在键盘上按快捷键【Super】+【Q】打开桌面智能助手。

**02** 计算机连接录音设备后，可直接与桌面语音助手进行对话，让计算机执行一些简单操作，如更换壁纸、调节屏幕亮度，查询系统设置信息等。

**03** 等桌面智能助手界面的输入框出现后，还可以输入文字指令，让计算机执行指定操作，如图 9.7 所示。

图 9.7　桌面智能助手

> **提示** 选中任意文字按快捷键【Ctrl】+【Alt】+【P】可以进行语音播报。连接录音设备后，在输入框内按快捷键【Ctrl】+【Alt】+【O】可以进入听写模式，把语音输入转换为文字。

### 2. 通过软件中的语音功能输入

在日历、文件管理器、应用商店等软件中，可通过语音功能实现语音输入，以日历为例，具体操作步骤如下。

**01** 单击桌面底部的启动器按钮 ，进入启动器界面。

**02** 上下滚动鼠标滚轮浏览或通过搜索，找到日历图标 ，单击运行日历。

**03** 在日历界面顶部的搜索框中，单击语音按钮 ，输入语音，语音会转化为文字显示在搜索框中，如图 9.8 所示。

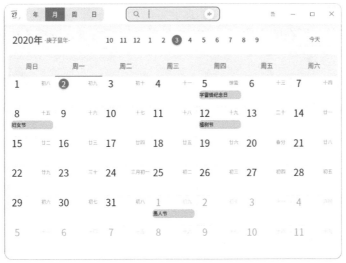

图 9.8 日历界面

# 9.3 WPS 办公软件的安装与使用

WPS 是由金山软件股份有限公司自主研发的一款办公软件套装，包含 WPS 文字、WPS 表格、WPS 演示 3 个功能软件，可以实现文字处理、表格制作、幻灯片制作等多种功能。

想在统信 UOS 中使用 WPS，需要在 WPS 官网上下载对应的安装包进行安装，如图 9.9 所示。

下载完成后可通过安装包安装器直接进行安装或通过命令行进行安装，这里以 wps-office_11.1.0.9505_mips64.deb 安装包为例，详细介绍这两种安装方式。

### 1. 通过软件包安装器安装

**01** 单击屏幕左下角的启动器按钮 ，进入启动器界面。上下滚动鼠标滚轮浏览或通过搜索，找到软件包安装器图标 ，单击即可打开。

**02** 将下载好的 WPS 安装包拖曳到软件包安装器界面上，单击【安装】按钮，即可进行安装，如图 9.10 所示。

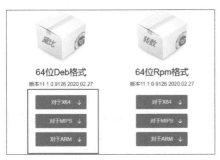

图 9.9 WPS 安装包下载

图 9.10 通过软件包安装器安装

### 2. 通过命令行安装

**01** 打开 WPS 安装包所在的文件夹，在空白处单击鼠标右键，选择【在终端中打开】，打开终端。

**02** 在终端中输入安装命令 sudo dpkg -i wps-office_11.1.0.9505_mips64.deb，按【Enter】键后，输入登录密码，即可进行安装。如图 9.11 所示。

图 9.11 通过命令行安装

WPS 安装完成后，可以在启动器中找到 WPS 文字、WPS 表格以及 WPS 演示，单击即可启动并使用。或在桌面空白处单击鼠标右键，在快捷菜单的【新建文档】中根据情况选择新建文档（办公文档、电子表格或演示文档），如图 9.12 所示。

### 3. WPS 的使用

WPS 中常用的功能在统信 UOS 中均可以使用，包括新建、打开、保存、另存为以及打印等，其使用方法与在 Windows 操作系统中的使用方法类似，如图 9.13 所示。

图 9.12 新建文档

图 9.13 WPS 常用功能

# 9.4 编辑器

统信 UOS 支持多种编辑器，可以根据实际需求在应用商店下载。本节主要介绍统信 UOS 预装的编辑器的使用方法。

编辑器是统信 UOS 预装的文本编辑工具，界面简洁、美观，适用于文本编辑。它也可以作为代码编辑工具使用，支持代码语法高亮。

**01** 单击屏幕左下角的启动器按钮 ⚘，进入启动器界面。上下滚动鼠标滚轮浏览或通过搜索，找到编辑器图标 █，单击即可打开。

**02** 编辑器支持新建、打开、保存以及打印文档等基本功能，单击菜单按钮 ≡，可查看编辑器的详细功能，如图 9.14 所示。

图 9.14　基本操作

**03** 在编辑界面，选中某段内容，单击鼠标右键，可以使用查找、替换、切换大小写、开启只读模式等功能，还支持语音朗读和语音听写输入，如图 9.15 所示。

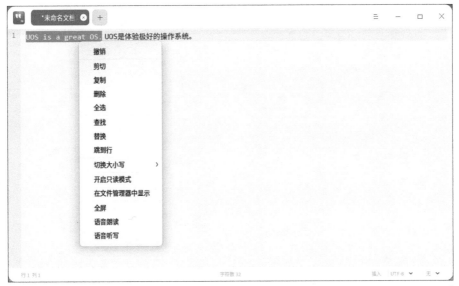

图 9.15　快捷菜单

编辑器支持高亮显示不同类型的文本。单击底部状态栏最右侧的三角符号 ⌄，选择某种文本类型，若文本中有相应内容则会被自动识别并高亮显示，如图 9.16 所示。

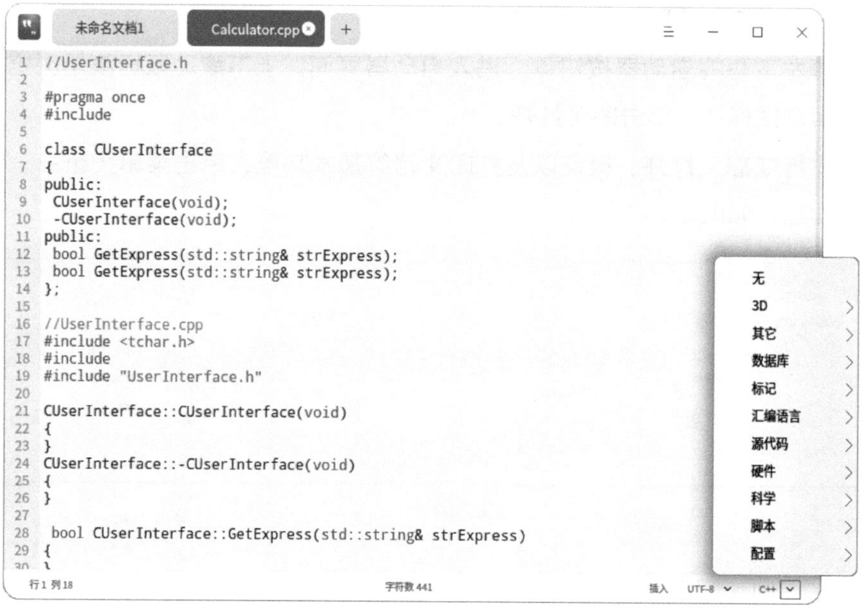

未命名文档1
Calculator.cpp
//UserInterface.h
#pragma once
#include
class CUserInterface
{
public:
CUserInterface(void);
-CUserInterface(void);
public:
bool GetExpress(std::string& strExpress);
bool GetExpress(std::string& strExpress);
};
//UserInterface.cpp
#include <tchar.h>
#include
#include "UserInterface.h"
CUserInterface::CUserInterface(void)
{
}
CUserInterface::-CUserInterface(void)
{
}
bool CUserInterface::GetExpress(std::string& strExpress)
{
无
3D
其它
数据库
标记
汇编语言
源代码
硬件
科学
脚本
配置
行 1 列 18
字符数 441
插入
UTF-8
C++


图 9.16　文本高亮

# 第 **10** 章

## 上网

随着互联网的普及，上网已经成为大多数人生活和工作不可或缺的部分。本章主要介绍统信 UOS 网络、浏览器、下载工具以及邮箱的使用方法。

# 10.1 连接网络

连接网络的具体操作步骤详见 6.3.1 小节中有线网络和无线网络的描述。

# 10.2 使用浏览器

浏览器是一种用于检索并展示网络信息资源的应用程序，可用于检索并展示文字、图像以及其他信息，方便用户快速查找与使用。

浏览器是统信 UOS 预装的一款高效、稳定的网页浏览器，有着简单的交互界面，界面上包括地址栏、菜单栏、多标签浏览、下载管理等，如图 10.1 所示。

图 10.1　浏览器界面

浏览器中各功能的详细介绍如下。

● 页面窗口：浏览器的主窗口，访问网页的内容显示在此。默认情况下会有一些精选的网络内容显示在页面，可以直接单击图片进入对应网页。

● 地址栏：用于输入网站的地址。浏览器通过识别地址栏中的信息，正确连接用户要访问的内容。地址栏的前方附带了常用命令的快捷按钮，包括前进、后退、刷新以及返回主页。

● 菜单栏：包含控制浏览器工作的相关选项，这些选项包含浏览器的所有操作与设置功能。

● 多标签浏览：可以使用多标签浏览的方式，以新标签打开网站的页面。

● 下载管理：可以将网页中的文件、图片进行下载，保存到计算机或其他设备上。下载的文件将保存在默认的下载位置。

# 10.3 下载文件

在统信 UOS 中，可以通过下载器和终端来下载文件。本节主要介绍这两个下载工具的使用方法。

### 10.3.1 下载器

下载器是统信 UOS 预装的下载工具，可以快速地从网站上下载文本、图像、视频、音频等信息资源，并对下载的各种信息资源进行管理。下面从添加下载任务、任务管理以及下载设置这 3 个方面来讲解如何使用下载器。

**1. 添加下载任务**

**01** 单击屏幕左下角的启动器按钮 ，进入启动器界面，找到下载器图标 ，单击打开下载器。

**02** 在下载器界面单击添加下载任务按钮 ，添加下载任务。

**03** 在地址框中输入下载链接，选择下载路径，单击【确认】按钮，即可创建下载任务，如图 10.2 所示。

> **说明** 可同时添加多个链接，但需确保每行只有一个链接。

图 10.2　通过链接添加下载任务

除此之外，还可以使用下载器通过 BT 文件创建下载任务，具体操作步骤如下。

**01** 双击 BT 文件，弹出下载资源确认框，选择需要下载的 BT 文件；或在下载器界面单击添加下载任务按钮 ，将 BT 文件拖入地址框；或在新建下载任务对话框中单击添加 BT 文件按钮 ，在弹出的对话框中选择需要的 BT 文件。

**02** 在下载资源确认框中，勾选想要下载的文件，并选择下载后文件保存的路径。单击【下载】按钮，即可创建下载任务，如图 10.3 所示。

图 10.3　通过 BT 文件创建下载任务

### 2. 任务管理

下载器界面的左侧是任务管理列表，包括正在下载、下载完成以及回收站 3 个分类，单击即可显示对应的任务列表，如图 10.4 所示。

- 正在下载：包含正在下载或下载失败的任务，可查看下载进度。
- 下载完成：下载完成后的任务会自动移动到此分类中。
- 回收站：在正在下载和下载完成中删除的任务都会被放到回收站，以防止用户误删导致无法找回下载任务。在回收站中删除文件时，会提醒是否同时删除本地文件。

图 10.4　任务管理

### 3. 下载设置

在下载器主菜单中，选择【设置】。进入设置界面后，可以对文件下载的默认目标目录、下载模式、通知提醒、下载磁盘缓存等进行设置，如图 10.5 所示。

> 说明　除了可以使用统信 UOS 预装的下载器下载资源外，统信 UOS 还支持使用迅雷、百度网盘等软件来下载文件。

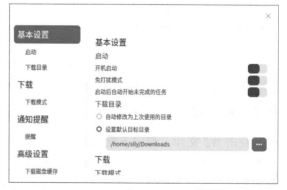

图 10.5　下载设置

## 10.3.2　在终端中下载文件

Wget 是统信 UOS 中常用的下载工具，它支持从网站下载软件或从远程服务器恢复 / 备份数据到本地服务器，支持 HTTP、HTTPS 以及 FTP 3 种协议，还可以使用 HTTP 代理。本节主要介绍如何在终端中使用 Wget 工具下载文件。

**01** 在启动器中通过浏览或搜索查找到终端，单击后即可打开。

**02** 在终端中输入下载命令 sudo wget -c http://10.20.32.222:6060/iso-uos/uos-desktop/sp1/20200513/amd-desktop/uos-20-desktop-20200513-0228-amd64.iso，按【Enter】键后，输入登录密码，即可进行下载，如图 10.6 所示。

图 10.6　Wget 命令下载

**03** 下载完后可在当前目录中查看下载的文件。

Wget 命令常用的参数和说明如表 10.1 所示。

表 10.1　Wget 命令常用的参数和说明

| 参数 | 说明 |
| --- | --- |
| -b | 后台下载，Wget 命令默认把文件下载到当前目录 |
| -O | 将文件下载到指定的目录中 |
| -P | 保存文件之前先创建指定名称的目录 |
| -t | 尝试连接次数，当 Wget 无法与服务器建立连接时，尝试连接多少次 |
| -c | 断点续传，如果下载中断，那么连接恢复时会从上次的断点开始下载 |
| -r | 使用递归下载 |

# 10.4 收发邮件

收发邮件是日常办公中必不可少的一部分，统信 UOS 预装的邮件客户端是一款易于使用的桌面电子邮件客户端，可同时管理多个邮箱账号。

## 10.4.1 登录邮箱

**01** 打开邮箱后，在添加邮箱账号界面输入邮箱账号、密码或授权码后，单击【登录】按钮，程序会检测输入的邮箱的域名是否在服务器数据库中，如果邮箱的域名在服务器数据库中，则可直接登录，如图 10.7 所示。

图 10.7　添加邮箱账号界面

**02**　如果邮箱的域名不在服务器数据库中，则需单击【手动配置】，进行手动添加，如图 10.8 所示。

> **说明**　QQ 邮箱、网易邮箱（163.com 和 126.com）、新浪邮箱需要在设置中开启 POP3/IMAP/exchange 等服务后才可以在邮箱中使用。开启服务后，服务端会产生授权码。在登录界面输入邮箱账号和授权码即可登录邮箱。如果未开启相关服务，则会提示登录失败，单击【查看帮助】即可查看帮助信息，如图 10.9 所示。

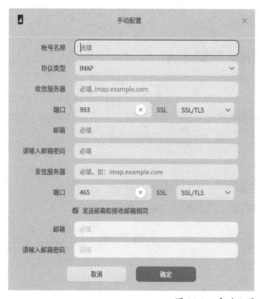

图 10.8　手动配置

图 10.9　查看帮助

## 10.4.2　收发邮件

邮箱最基本的功能就是收发邮件，本小节主要介绍在邮件客户端如何收发邮件。

### 1. 收邮件

在邮箱主界面，单击刷新按钮 🔄 ，即可从服务器同步邮箱数据，包括邮件、地址簿、日历等，系统默认每 15 分钟同步 1 次邮箱数据，如图 10.10 所示。

未选择邮件

图 10.10　收邮件

> **说明**　如果只想接收某个账号的邮件，在邮箱主界面左侧选中对应的账号后单击鼠标右键，选择【收取邮件】。

**2．发邮件**

在邮箱主界面，单击写邮件按钮 ，进入写邮件界面。邮件客户端支持富文本编辑，包括插入图片、链接等功能，如图 10.11 所示。完成邮件内容编写后，设置收件人、主题以及发件人，根据实际需求还可选择抄送人和密送人，单击【发送】按钮，即可发送邮件。

图 10.11　写邮件

### 10.4.3　常用设置

在邮箱主界面，单击主菜单按钮 ≡ 。进入邮件设置界面，可进行账号设置、基本设置、反垃圾设置以及高级设置，如图 10.12 所示。

● 账号设置：设置账号信息、邮箱信息，还可以为账号添加签名。

- 基本设置：设置邮箱中常用的快捷键、是否开启弹窗以及声音提醒功能。

- 反垃圾设置：设置黑白名单，黑名单列表的邮件都会被拒收，白名单列表的邮件都会被接收。

- 高级设置：开启安全锁，设置开启密码。默认鼠标和键盘超过 15 分钟未操作，邮箱将自动锁定，再次使用时需要输入开启密码。

图 10.12　常用设置

# 第 11 章

# 多媒体软件

多媒体软件既是视觉软件，也是听觉软件，能够交互式综合处理文字、图像、动画、语言、音频、视频等内容。本章主要介绍统信 UOS 中的图像处理软件、音频播放器、视频播放器等多媒体软件。

# 11.1 图像处理

用户可以使用统信 UOS 的看图、相册以及画板软件等对图像进行查看和处理。

## 11.1.1 图像查看器

看图和相册是统信 UOS 自带的图像查看器。

### 1. 看图

看图 是一款小巧的图片查看器，支持多种图片格式，包括 BMP、ICO、JPG/JPE/JPEG、PNG、TGA、TIF/TIFF、XPM、GIF、SGI、RAW、WEBP、CR2、NEF、DNG、RAF、MEF、MRW、XBM、SVG、ORF、MNG。

在启动器中可以找到并打开看图。如果是首次使用看图查看图片，可单击软件界面上的【打开图片】按钮，在弹出的对话框中选择图片并打开；或拖曳图片到看图界面，即可打开图片。看图界面如图 11.1 所示，看图界面图标介绍如表 11.1 所示。

图 11.1　看图界面

**表 11.1　看图界面图标介绍**

| 图标 | 名称 | 说明 |
| --- | --- | --- |
| < | 上一张 | 显示上一张图片 |
| > | 下一张 | 显示下一张图片 |
| ⊡ | 1:1 视图 | 图片按照实际尺寸显示 |
| ⛶ | 适应窗口 | 图片适应窗口尺寸显示 |
| ↻ | 顺时针旋转 | 图片顺时针旋转 90° |
| ↺ | 逆时针旋转 | 图片逆时针旋转 90° |
| 🗑 | 删除 | 删除当前图片 |

打开图片后，在看图界面上，单击鼠标右键，选择【图片信息】，可以查看图片的详细信息，如图 11.2 所示。

图 11.2  图片信息

## 2. 相册

相册 是一款支持查看、管理多种格式的图片管理工具，支持的图片格式包括 BMP、GIF、JPG、PNG、PBM、PGM、PPM、XBM、XPM、SVG、DDS、ICNS、JP2、MNG、TGA、TIFF、WBMP、WEBP、PSD、PDF、EPS。将图片导入相册后，可以按时间线排列图片，还可以将图片添加到个人收藏或归类到不同的相册中。

（1）导入图片

如果还未使用过相册查看或管理图片，在启动器中找到并打开相册后，可单击界面上的【导入照片】按钮，在弹出的对话框中选择要导入的图片，或直接将图片或图片所在的文件夹拖曳到看图界面上，将图片导入相册管理系统，如图 11.3 所示。在所有照片界面上，滑动底部的滚动条可以调整图片缩略图的大小。除此之外，还可以单击主菜单按钮 ，选择【导入照片】，如果计算机连接了移动设备，可直接从移动设备导入图片。

（2）查看图片

导入图片后，双击图片或右键单击图片选择【查看】，即可查看图片，如图 11.4 所示。按【Esc】键可以退出查看图片，返回所有照片界面。

（3）查看时间线

在所有照片界面单击【时间线】，进入时间线界面，所有图片按照日期划分，同一天的图片显示在一起，不同日期的图片分栏排列。通过查看时间线可以快速找到指定时间的图片，如图 11.5 所示。

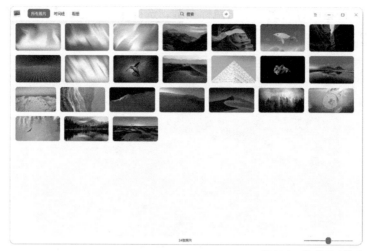

图 11.3　所有照片界面

图 11.4　查看图片

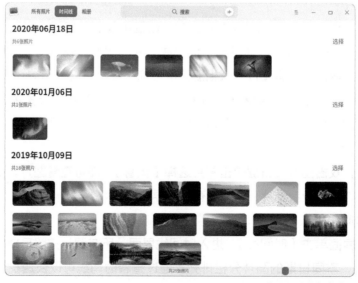

图 11.5　时间线界面

（4）管理相册

当相册中导入的图片比较多的时候，在海量的图片中查找到想要的图片不是一件容易的事情。此时可以创建多个相册，并为相册命名，对图片进行分类，以方便管理图片。操作步骤如下。

**01** 在所有照片界面，单击【相册】进入相册界面，单击新建相册按钮 ，或单击主菜单按钮 选择【新建相册】，如图 11.6 所示。

图 11.6　相册界面

**02** 在弹出的新建相册对话框中输入相册名称，单击【新建】按钮，即可创建相册，如图 11.7 所示。

图 11.7　新建相册

**03** 在新创建的相册界面，可以通过拖曳图片或图片文件夹到相册界面，将图片添加到相册中。如果创建了多个相册，也可以右键单击相册中的图片，选择【添加到相册】，将图片添加到指定相册，如图 11.8 所示。

**04** 右键单击左侧列表中已添加图片的相册，选择【导出】，可以将相册中的图片导出到某个文件夹中，如图 11.9 所示。

类似地，在相册界面，还可以完成删除相册中图片、重命名相册、删除相册等操作。

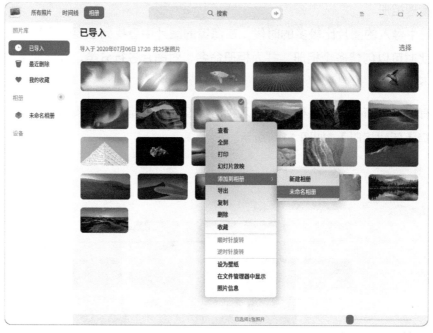

图 11.8　添加到相册

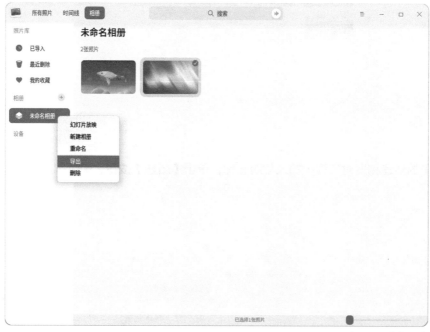

图 11.9　导出图片

## 11.1.2 图像处理软件

在统信 UOS 中可以使用画板和 GIMP 软件来对图片进行编辑和处理。

### 1. 画板

画板是统信 UOS 预装的一款绘图工具，使用画板的绘画工具和编辑功能可对图片进行简单的处理。

在启动器中找到并打开画板，在画板界面上，单击导入按钮 ⊡，在弹出的对话框中选择想要导入的图片，单击【打开】按钮即可导入图片；或单击主菜单按钮 ≡，选择【打开】来导入图片，如图 11.10 所示。

图 11.10　画板界面

在画板界面，选中已导入的图片，单击按钮 ⇙ 或 ⩗ 可将图片垂直翻转或水平翻转；单击按钮 ↻ 或 ↺ 可将图片顺时针或逆时针旋转 90°。

> 提示　画板最多可以导入 30 张图片。可通过用鼠标拖曳图片或图形边缘的白色圆点来控制图片自由旋转。

在画板界面上单击矩形按钮 □，可在界面上绘制矩形。选中矩形工具的状态下，在界面上方可修改绘制矩形的属性，包括填充颜色、描边颜色和粗细以及圆角大小，如图 11.11 所示。

类似地，在画板上还可以完成添加圆形、三角形、文字，使用画笔工具，裁剪画布等操作。

在编辑和处理完图片后，单击主菜单按钮，选择【导出】，在弹出的导出对话框中设置文件名、保存位置、文件格式以及图片质量，如图 11.12 所示。单击【保存】按钮，即可将编辑后的图片保存到指定位置。

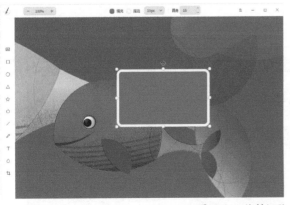

图 11.11　绘制矩形

图 11.12　导出图片

## 2. GIMP

GNU 图像处理程序（GNU Image Manipulation Program，GIMP）支持多种格式的图像处理，功能类似 Photoshop，既可以进行简单的画图，也可以进行专业的图像处理。

（1）安装 GIMP

用户可以在应用商店一键下载并安装 GIMP。安装完成后，在启动器中打开，主界面如图 11.13 所示。

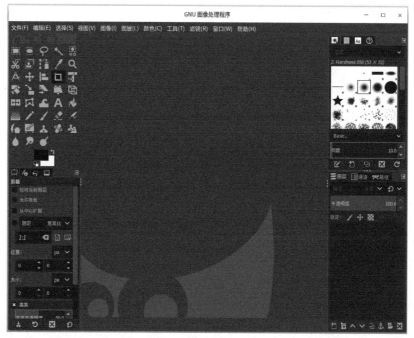

图 11.13　GIMP 界面

（2）基本操作

在 GIMP 主界面上，单击主菜单中的【文件 – 打开】，在弹出的对话框中选择想要打开的图片即可导入图片。在 GIMP 界面，选中已导入的图片，在左侧工具箱中选择旋转、翻转、缩放等工具可对图片执行旋转、翻转或缩放等操作。

在 GIMP 界面，使用左侧工具箱中的【矩形选择工具】，可绘制出一个矩形选择框，如图 11.14 所示。

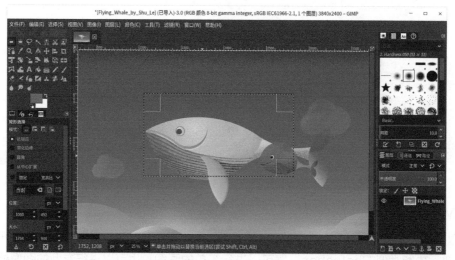

图 11.14　绘制矩形选择框

在选中矩形选择工具的状态下，单击菜单栏中的【编辑 –勾画选区】，在弹出的勾画选区对话框中可根据实际需求修改绘制矩形的属性，包括勾画线条、线宽等，如图 11.15 所示。

修改属性后的矩形如图 11.16 所示。

类似地，在 GIMP 上还可以完成添加圆形、文字，使用铅笔、画笔工具，裁剪画布等操作。

在编辑和处理完图片后，单击【文件】，选择【导出】，如图 11.17 所示。在弹出的导出对话框中设置文件名称、保存位置、文件格式以及图片的质量，单击【导出】按钮，即可将编辑后的图片保存到指定的位置，如图 11.18 所示。

图 11.15　勾画选区

图 11.16　修改属性后的矩形

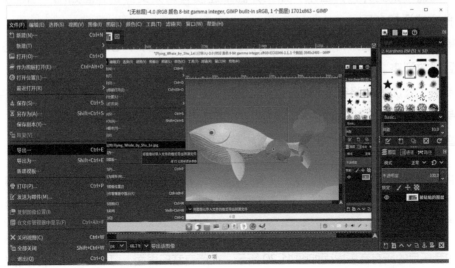

图 11.17　文件导出菜单

图 11.18　导出图像

# 11.2　音频播放器

音乐 是统信 UOS 预装的一款音频播放器，专注于本地音乐播放，为用户提供极致的播放体验，同时还具有扫描本地音乐、歌词同步等功能。

### 11.2.1　添加和播放音乐

在启动器中找到并打开音乐，如果界面中还没有音频文件，界面如图 11.19 所示，有如下 4 种方式添加音乐。

- 单击【添加歌曲文件】按钮，在弹出的对话框中选择本地的音频文件，将音乐添加到播放列表。
- 单击【添加歌曲路径】按钮，自定义选择本地的歌曲目录，批量添加歌曲文件。
- 单击【扫描】按钮，软件将自动识别并添加计算机中的音频文件。
- 直接将音频文件／文件夹拖曳到添加音乐界面，添加音频文件到播放列表。

> **提示**　如果已经在音乐中添加音频文件，可在主菜单中，选择【添加新歌单】或【添加音乐】，选择音频文件／文件夹将其添加到播放列表；或直接将音频文件／文件夹拖曳到添加音乐界面，添加音频文件到播放列表。

添加音乐后的所有音乐界面如图 11.20 所示。在所有音乐界面，可以通过如下方法播放音乐。

- 在右侧音乐列表中双击想要播放的音乐，或右键单击想要播放的音乐并选择【播放】，即可播放当前歌曲。
- 在左侧导航栏右键单击想要播放的歌单，选择【播放】，即可按照当前设置的播放顺序播放当前歌单中所有歌曲。
- 在右侧音乐列表中单击【播放所有】按钮，可以按照当前设置的播放顺序播放当前列表中所有歌曲。

图 11.19　添加音乐界面

图 11.20　所有音乐界面

在所有音乐界面，单击播放按钮▶播放选中的歌曲；单击暂停按钮‖暂停正在播放的歌曲；单击上一首按钮◁或下一首按钮▷，按照当前播放模式切换到上一首或下一首歌曲；单击按钮↻、✕或↺即可调整播放模式为单曲循环、随机播放或列表循环。

### 11.2.2 新建歌单

在音乐界面我的歌单区域可以新建歌单，对添加的音乐进行分类。新建歌单的操作步骤如下。

**01** 在所有音乐界面，单击我的歌单右侧的 ⊕ ，如图 11.21 所示。

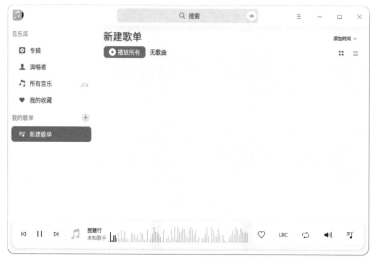

图 11.21　新建歌单

**02** 输入歌单的名称，按【Enter】键，即可新建歌单。

### 11.2.3 添加音乐到歌单

在所有音乐界面，可以将音乐添加到新建的歌单。右键单击某个音频文件，选择【添加到歌单】，如图 11.22 所示，可将歌曲添加到选定的歌单。

图 11.22　添加到歌单

> **提示**　通过拖曳本地歌曲到某一指定歌单，即把歌曲添加到当前歌单和所有音乐中。

类似地，在所有音乐界面，还可完成收藏音乐、查看歌词以及删除歌单等操作。

## 11.3 视频播放器

统信 UOS 使用影院播放多种格式的视频文件，利用流媒体技术让用户可轻松欣赏网络视频资源。

### 11.3.1 添加和播放视频

在启动器中找到并打开影院后，将视频添加到播放列表，播放视频时，界面如图 11.23 所示，可以通过以下几种方式来播放视频。

- 当播放列表没有文件时，单击播放按钮▶，在弹出的对话框中选择视频文件。
- 单击鼠标右键或主菜单按钮☰，选择【打开文件】，在弹出的对话框中选择视频文件。
- 单击鼠标右键或主菜单按钮☰，选择【打开文件夹】，文件夹中的视频文件将全部显示在播放列表中，并依次进行播放。
- 单击鼠标右键，选择【打开 URL】，在弹出的对话框中粘贴在线播放地址，单击【确定】按钮后即可播放在线视频。
- 单击鼠标右键，选择【播放光盘】，即可播放光盘中的视频。
- 直接拖曳文件或文件夹到影院界面来播放本地视频。

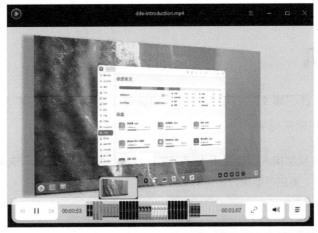

图 11.23　统信 UOS 视频播放器

播放视频时，按【→】或【←】键，可快进或快退视频；按快捷键【Ctrl】+【→】或快捷键【Ctrl】+【←】，即可使视频加速或减速播放；按【R】键，则恢复原播放速度。

> 说明　加速或减速播放是相对于原播放速度而言的，每加速或减速一次，视频播放速度默认以 0.1 的倍率增加或减少。如果按住快捷键【Ctrl】+【→】或【Ctrl】+【←】不放，视频播放速度将递增或递减。最高播放速度为原播放速度的 2 倍，最低播放速度为原播放速度的 0.1 倍。

### 11.3.2 调整播放窗口

在播放视频时，可以灵活地调整播放窗口大小。

在影院界面，单击鼠标右键，可选择【全屏】、【迷你模式】以及【置顶窗口】，也可以使用鼠标拖曳窗口边缘，自由调整窗口大小，如图 11.24 所示。

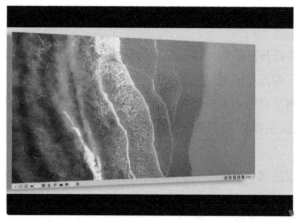

图 11.24　调整窗口大小

类似地，在播放视频时，还可完成修改视频播放模式，对视频进行截图，调整画面、声音以及字幕，查看影片信息，删除视频文件等操作。

> **说明**　除了预装的影院播放器外，统信 UOS 还支持 VLC 和 MPV 播放器。

# 11.4　录音机

统信 UOS 中语音记事本和截图录屏软件都具备录音功能，对于不方便用文字来记录的内容可以利用录音功能来记录。

> **注意**　录音前，需要先检测接入设备是否支持声音录制功能。当接入设备不支持声音录制功能时，录音按钮为置灰状态，用户不能执行相应的操作。

### 11.4.1 使用语音记事本进行录音

语音记事本 可以用来记录语音或文字，属于常用的办公类应用。相较于 WPS 等专业的办公类应用，语音记事本用起来更方便、快捷，操作步骤如下。

**01** 在启动器中找到并打开语音记事本，单击录音按钮，开始录音，如图 11.25 所示。

**02** 录制完成后，单击完成按钮，结束录音，如图 11.26 所示。录音过程中可以单击暂停按钮暂停录音，如果想继续录音，再次单击录音按钮即可。

> **说明**　语音记事本单次录音的最大时长为 60 分钟。

图 11.25　语音记事本界面

图 11.26　录音

## 11.4.2 使用截图录屏软件进行录音

在使用截图录屏软件录屏的过程中，可以录制声音，操作步骤如下。

**01** 启动截图录屏软件后，单击按钮，选择录制区域，如图 11.27 所示。

图 11.27　录屏工具栏

**02** 在工具栏的选项中选择录制格式，单击按钮 选择【录音开启】，并设置是否显示按键、是否开启摄像头以及是否显示点击。

**03** 单击按钮🖼，录制开始后，任务栏的托盘区域出现闪烁的录制图标。

**04** 录制完成后单击任务栏托盘区域的录制图标结束录制，视频将自动保存到桌面。

# 11.5 摄像头

茄子是统信 UOS 预装的摄像头软件，可以用于拍摄照片和视频。如果用户觉得照片或视频比较单调，可以将软件自带的一些预设效果应用到照片和视频上。

## 11.5.1 打开摄像头

在启动器界面，上下滚动鼠标滚轮浏览或通过搜索，找到茄子图标🖼，单击即可打开摄像头。右键单击茄子图标🖼可以选择将其发送到桌面、任务栏或设置开机自动启动，如图 11.28 所示。

图 11.28 茄子

## 11.5.2 摄像头功能

使用茄子可以调用计算机的摄像头拍摄照片和视频，并将拍摄的照片和视频保存下来。

### 1. 拍照

在摄像头主界面，默认为拍照模式，单击拍照按钮▇▇▇即可获得一张照片。摄像头支持自拍、外拍以及连拍功能，如图 11.29 所示。

在拍摄照片或视频时，可以启用拍摄效果，单击【效果】按钮，可选择万花筒、凸出、扭曲等效果，如图 11.30 所示。

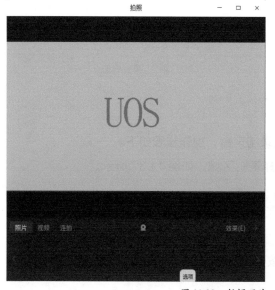

图 11.29 拍摄照片

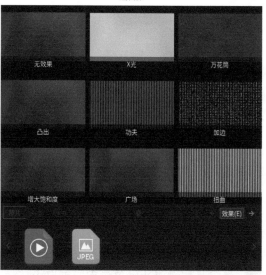

图 11.30 照片效果

## 2. 视频

在摄像头主界面，单击【视频】按钮，进入拍摄视频模式，单击拍摄视频按钮  可以拍摄视频片段，屏幕右下角会出现视频拍摄的持续时间，如图 11.31 所示。

## 3. 文件存储

拍摄的照片和视频会被自动保存到计算机中，右键单击照片或视频文件，可以执行打开、另存为、移入回收站以及删除等操作，如图 11.32 所示。

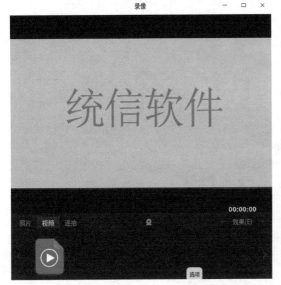

图 11.31　拍摄视频

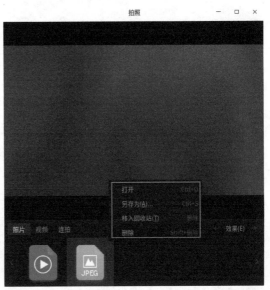

图 11.32　文件处理

第 **12** 章

# 实用工具软件

在日常工作和学习中，截图录屏、安装字体、外设管理等功能为展示
特定状态下的程序界面、应用场景提供了帮助。

# 12.1 截图录屏

统信 UOS 的截图录屏是一款集截图和录屏功能于一体的应用。在日常工作和学习中，分享屏幕截图和录屏非常实用。截图录屏的截图功能不仅可以截取屏幕上的可视图像，还提供了图片编辑功能，如模糊和马赛克等，从而保证图片上的隐私信息在传播过程中不会外泄。

在使用截图录屏进行截图或录屏时，既可以自动选定窗口，也可以手动选择区域。截图录屏的截图功能与录屏功能使用方法类似，这里以截图功能为例对截图录屏应用进行详细讲解。

## 12.1.1 选择截图区域

在启动器中找到截图录屏图标 ◉，单击即可进入截图状态，此时光标变为十字。如果桌面上未开启任何应用，截图录屏将自动识别全屏，单击即可进入编辑状态，如图 12.1 所示。

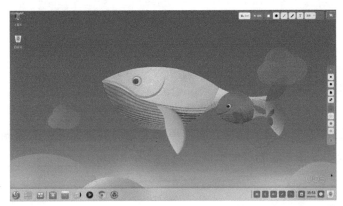

图 12.1　截图全屏

如果桌面上开启了任意窗口，当光标移动到窗口上时，会自动选定窗口范围；如果想要自定义选择截图区域，可在截图状态下按住鼠标左键不放，拖动鼠标选择截图区域，释放鼠标左键，选中自定义截图范围，在其左上角将显示当前截图区域的尺寸大小。

选定截图区域后，将光标置于截图区域的蓝色边框上，当光标变为 ↔ 时，按住鼠标左键不放，可拖动鼠标来放大或缩小截图区域。

确定截图区域大小后，将光标置于截图区域上，光标变为 🖑 时，按住鼠标左键不放，可拖动鼠标来移动截图区域的位置。

## 12.1.2 编辑截图

选中截图区域后，可在截图范围内添加矩形、椭圆、文字等元素来辅助理解。

### 1. 添加元素

选中截图区域后会弹出截图的工具栏，使用工具栏里面的工具可以在截取的图片中绘制一些简单的图形，如矩形、椭圆等，如图 12.2 所示。

图 12.2　工具栏

在截图区域绘制矩形、椭圆等的操作步骤类似，这里以绘制矩形为例进行详细讲解。

**01** 选中截图区域后，在截图区域下方的工具栏中，单击矩形图标■。

**02** 在工具栏展开面板中，选择矩形边线的粗细、颜色。

**03** 将鼠标指针置于截图区域，当鼠标指针变为▶时，按住鼠标左键不放，拖动鼠标以完成图形区域的绘制，效果如图 12.3 所示。

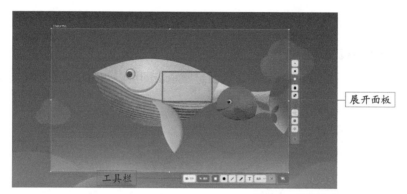

图 12.3　绘制矩形

**04** 如果截图中包含了个人隐私信息，可以单击工具栏展开面板中的模糊按钮●或马赛克按钮▓来遮挡，操作步骤与绘制矩形类似。

### 2. 添加文字

在截取的图片中进行文字补充和说明，可以帮助图片接收者更清楚地了解截取的图片。添加文字的操作步骤如下。

**01** 在截图区域下方的工具栏中，单击 **T**，在工具栏展开面板中可调整批注字体的大小和颜色。

**02** 将鼠标指针置于截取的图片上，此时鼠标指针变为 I。

**03** 单击要添加批注的地方，将出现一个待输入的文本框，在文本框中输入文字，即可添加文字，如图 12.4 所示。

图 12.4　添加文字

### 12.1.3 保存截图

使用截图录屏，选定截图区域并编辑截图后，即可双击截图区域、单击截图工具栏右

侧的截图按钮  、按快捷键【Ctrl】+【S】或在截取的图片中单击鼠标右键，选择【保存】来保存截取的图片，截取的图片默认存放到桌面。

在截图界面的工具栏中，单击【选项】，在展开的下拉菜单中可以更改存储位置、图片格式以及将图片复制到剪贴板。当截图保存成功后，桌面上方会弹出提示信息，单击【查看】，可打开截图所在的文件夹。

> **说明** 除了操作系统自带的截图录屏工具外，统信 UOS 也支持 Flameshot 截图和 SimpleScreenRecorder 录制。

# 12.2 安装字体

统信 UOS 自带一部分字体，为了有更丰富的字体体验，用户还可以使用字体管理器、Shell 命令来安装自己喜欢的字体。

## 12.2.1 使用字体管理器

使用字体管理器 可以安装单个字体，也可以批量安装多个字体。

### 1. 单个安装

**01** 在启动器中找到字体管理器，单击运行。在字体管理器界面，单击添加字体按钮 ＋；或单击主菜单按钮 ，选择【添加字体】。

**02** 在弹出的对话框中选择文件，选中想要安装的字体，单击【打开】按钮或双击想要安装的字体，如图 12.5 所示。

图 12.5 单个安装

**03** 如果弹出授权窗口，需要输入密码进行授权。

**04** 安装成功之后，右键单击字体文件，选择【在文件管理器中显示】，即可查看字体的具体安装位置。

> **提示** 除了通过启动器打开字体管理器安装字体外，还可以通过右键单击字体文件，选择【打开方式 – 字体管理器】，进入字体管理器界面，安装字体。
>
> 字体管理器可以自动检测计算机中的字体，如果本地已经安装过该字体，会显示"已安装相同版本"的提示信息，此时可以选择【退出】或【继续】。

### 2. 多个安装

如果需要批量安装多个字体，逐个安装会比较麻烦，此时可以在字体管理器中通过拖曳和选择文件的方式一次性批量添加多个字体，安装的操作步骤可参考单个安装的步骤。多个安装时需要注意以下几点。

- 批量添加成功后，可以继续追加字体，进行安装，如图 12.6 所示。
- 批量安装包含本地已安装的字体，可以执行继续安装操作。

图 12.6　多个安装

> **说明** 如果想将安装的字体设置成系统字体，可以在【控制中心 – 个性化 – 字体】界面设置【标准字体】。

## 12.2.2 使用 Shell 安装字体

除了使用字体管理器安装字体外，用户还可以通过 Shell 命令来安装字体。

使用 Shell 安装字体的操作步骤如下。

**01** 准备好待安装的字体，进入操作系统字体路径 /usr/share/fonts，使用 root 用户权限，在其中新建一个文件夹 shell_fonts。

**02** 将待安装字体复制到 shell_fonts 文件夹，执行如下命令。

```
cd /usr/share/fonts/shell_fonts
sudo mkfontscale
sudo mkfontdir
sudo fc-cache
```

当文件夹中生成 fonts.dir 和 fonts.scale 文件时，表示字体安装完成，用户即可使用当前安装的字体。

# 12.3 外设管理

除了计算机操作系统内部的实用软件外，统信 UOS 还支持外接设备（外设），辅助日常办公。本节主要讲解如何使用统信 UOS 连接打印机和扫描仪。

## 12.3.1 连接打印机

打印管理器是统信 UOS 预装的一款管理打印设备的软件，可同时管理多个打印机。其界面可视化，操作简单，可方便用户快速添加打印机和安装驱动程序。

单击屏幕左下角的启动器按钮 ，进入启动器界面，上下滚动鼠标滚轮浏览或搜索，找到打印管理器图标 ，单击运行，其界面如图 12.7 所示。

图 12.7　打印管理器界面

### 1. 添加打印机

在打印管理器界面，单击添加按钮 ，可选择【自动查找】、【手动查找】、【URI 查找】

方式添加打印机。

（1）自动查找

**01** 单击【自动查找】按钮，会加载出打印机列表，可从中选择需要添加的打印机。

**02** 选好打印机后，会加载出驱动列表，默认选择推荐的打印机驱动，如图 12.8 所示。若选择手动选择驱动方案，则会跳转到手动选择打印机驱动界面。

图 12.8　自动查找

**03** 单击【安装驱动】，进入安装界面。

（2）手动查找

**01** 单击【手动查找】按钮，输入主机名或 IP 地址查找打印机，操作系统通过各种协议扫描打印机。

**02** 选好打印机后，会加载出驱动列表，默认选择推荐打印机驱动，如图 12.9 所示。若没有加载出驱动列表，则选择手动选择驱动方案，跳转到手动选择打印机驱动界面。

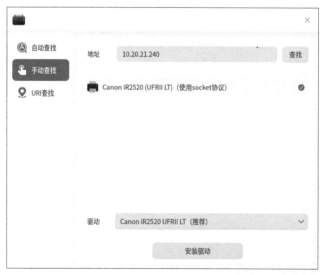

图 12.9　手动查找

**03** 单击【安装驱动】，进入安装界面。

（3）URI 查找

在自动查找和手动查找都不能查找到打印机的情况下，可通过 URI 查找安装打印驱动。

**01** 单击【URI 查找】按钮，输入打印机的 URI，如图 12.10 所示。

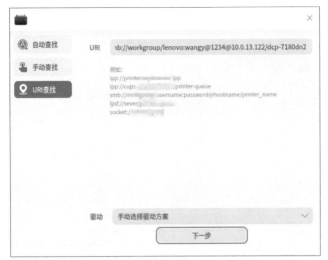

图 12.10　URI 查找

**02** 系统默认选择手动选择驱动方案进行安装，单击【下一步】按钮，进入选择驱动界面。

**03** 用户选择对应的驱动，单击【安装驱动】按钮，进入安装界面。

## 2. 选择驱动

在打印管理器添加打印机后需要选择驱动，分为以下两种情况。

● 系统默认选择驱动：选择打印机后，如果有匹配的驱动，系统会默认选择推荐驱动。

● 手动选择驱动：选择打印机后，选择手动选择驱动方案，驱动来源有 3 种。

◇ 本地驱动：通过下拉列表框选择厂商和型号，查询本地驱动，如图 12.11 所示。

图 12.11　本地驱动

◇ 本地 PPD 文件：将本地的 PPD 文件拖曳到界面上，或单击【选择一个 PPD 文件】按钮，在本地文件夹查找，如在 /usr/share/ppd 目录下选择 PPD 文件，如图 12.12 所示。

图 12.12　本地 PPD 文件

说明　用户必须在本地安装了驱动，才可以使用 PPD 文件进行安装，否则，会提示"驱动安装失败"。

◇ 搜索打印机驱动：输入厂商和型号，系统会在后台驱动库中进行搜索，搜索结果会显示在下拉列表框中，如图 12.13 所示。

图 12.13　搜索打印机驱动

## 3. 安装打印机

添加打印机选择驱动后，单击【安装驱动】按钮即可安装打印机。

● 安装成功：弹出窗口提示"安装成功"，如图 12.14 所示。可以单击【打印测试页】按钮，查看是否可以正常打印；或单击【查看打印机】按钮，跳转到打印管理器界面。

● 安装失败：弹出窗口提示"安装失败"，则需要选择重新安装，如图 12.15 所示。

图 12.14　安装成功

图 12.15　安装失败

### 4.打印管理器界面

已经成功添加的打印机会显示在打印管理器界面，选择对应的打印机，支持属性设置、打印队列设置、打印测试页以及故障排查，如图 12.16 所示。

图 12.16　打印管理器界面

### 12.3.2 扫描管理器

扫描管理器是统信 UOS 预装的一款管理扫描设备的工具，可同时管理多个扫描设备。它的界面可视化，操作简单，可帮助用户提高扫描的效率、扫描的质量以及节省存储空间。

单击屏幕左下角的启动器按钮 ，进入启动器界面，上下滚动鼠标滚轮浏览或通过搜索，找到扫描管理器图标 ，单击进入扫描管理器界面，如图 12.17 所示。

图 12.17　扫描管理器界面

### 1. 扫描文件

在扫描管理器界面，单击扫描按钮，设备列表会显示与当前计算机连接上的所有扫描设备，如拍摄仪和扫描仪等。本小节以拍摄仪为例，介绍如何使用扫描管理器扫描文件。

**01** 在扫描列表中选择拍摄仪后，可设置扫描设置、拍摄方式参数，如图 12.18 所示。

图 12.18　拍摄仪设置界面

**02** 设置好相关参数后，单击【开始】按钮，进入扫描界面。可以设置 1∶1 显示、放大或缩小，旋转及剪裁扫描区域。完成设置后，单击【扫描】按钮，在界面右侧可以预览保存的图片，如图 12.19 所示。

### 2. 图片处理

**01** 关闭扫描界面后，扫描完成的图片会显示在扫描管理器主界面。此时，可以单击图标视图按钮或列表视图按钮来查看图片，如图 12.20 所示。

图 12.19　扫描图片

图 12.20　查看图片

**02** 选中图片后，单击鼠标右键，可以对图片进行打开、编辑、导出、合并 PDF、添加到"邮件"以及删除等操作，如图 12.21 所示。

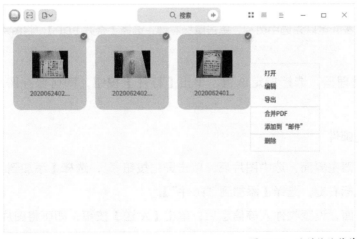

图 12.21　右键快捷菜单

**03** 选择【编辑】后，弹出画板界面，可以在画板中编辑图片，如图 12.22 所示。关于使用画板编辑图片的操作详见 11.1.2 小节。

图 12.22　编辑图片

### 3. 图片导出

扫描完的图片可以直接导出到文件夹，也可以通过邮件发送给其他人。

（1）导出到文件夹

扫描完的图片可以直接导出到指定位置，或先合并为 PDF 再导出到指定位置。

**01** 在扫描管理器主界面，可选中图片后单击导出按钮 ▣⌄ ，或选中图片后单击鼠标右键，选择【导出】。

> **窍门** 如果图片较多，可以先选中图片，单击鼠标右键，选择【合并 PDF】，将图片合并为 PDF 文件，再选择导出。

**02** 弹出文件管理器，选择指定位置，单击【打开】按钮，即可保存图片，如图 12.23 所示。

（2）添加到邮件

**01** 在扫描管理器主界面，选中图片后，单击导出按钮 ▣⌄ ，选择【添加到"邮件"】；或选中图片后单击鼠标右键，选择【添加到"邮件"】。

**02** 弹出邮件界面，设置收件人等信息后，单击【发送】按钮，即可将图片发送给其他人，如图 12.24 所示。

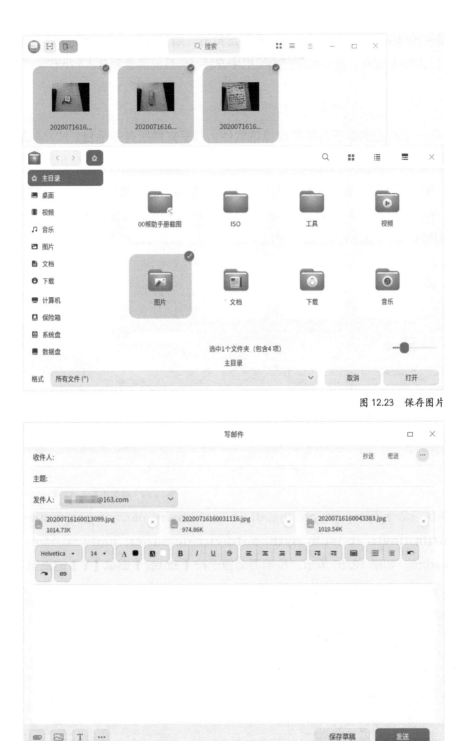

图 12.23　保存图片

图 12.24　添加到邮件

# 12.4　虚拟化软件

虚拟化软件又称虚拟机软件。虚拟机是借助软件模拟的具有完整硬件系统功能的计算机系统，可以安装各种操作系统。统信 UOS 支持多种虚拟机，如 KVM，VirtualBox 等。本节主要介绍几款虚拟机的安装过程，具体如何在虚拟机中安装操作系统请参考 3.3.1 小节。

## 12.4.1 基于内核的虚拟机 KVM

KVM 是一款开源的基于内核的虚拟机软件，几乎支持所有的平台。KVM 虚拟机的安装方法如下。

**01** KVM 的虚拟化需要硬件支持，安装 KVM 前需确认芯片是否支持。在终端输入命令 sudo cat /proc/cpuinfo | grep vmx 或 sudo cat /proc/cpuinfo | grep svm。在返回的结果中如果有 vmx 或 svm，说明可以安装 KVM，如图 12.25 所示。

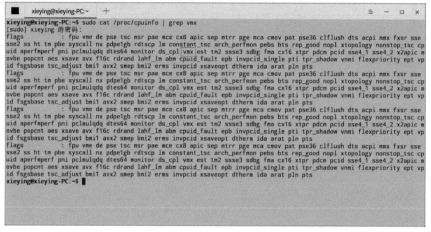

图 12.25　确认是否可以安装 KVM

**02** 在终端执行命令 sudo apt-get install libvirt0 libvirt-daemon qemu virt-manager bridge-utils libvirt-clients python-libvirt qemu-efi uml-utilities virtinst qemu-system，如图 12.26 所示。按照界面提示按【Enter】键或【Y】键直至完成安装。

图 12.26　安装 KVM

**03** 安装完成后，可以直接在启动器中找到相应图标，单击即可打开 KVM 虚拟机，KVM 界面如图 12.27 所示。

图 12.27　KVM 界面

## 12.4.2　开源虚拟机 VirtualBox

VirtualBox 是一款开源的虚拟机软件，支持 AMD 平台（配备 AMD CPU、AMD 芯片组以及 AMD 显卡的计算机）。本小节主要介绍 VirtualBox 虚拟机的安装。

**01** 在终端执行命令 sudo apt-get install virtualbox-6.0，并按照界面提示完成安装，如图 12.28 所示。

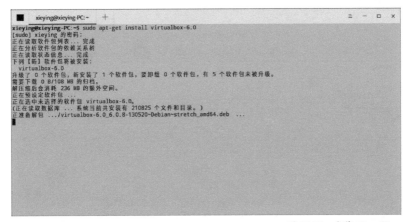

图 12.28　安装 VirtualBox

**02** 安装完成后，可以直接在启动器中找到相应图标单击打开 VirtualBox 虚拟机，VirtualBox 界面如图 12.29 所示。

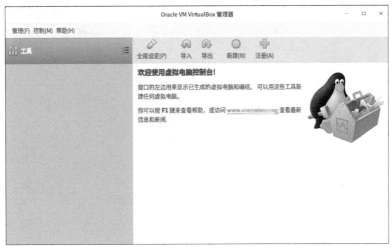

图 12.29　VirtualBox 界面

### 12.4.3 非开源虚拟机 VMware

VMware 是一款非开源的虚拟机软件，可以到官网下载 Linux 版本的安装包来安装 VMware 虚拟机。本节主要介绍 VMware 虚拟机的安装。

**01** 从 VMware 官网下载 Linux 安装包 VMware-Workstation-Full-15.5.6-16341506.x86_64.bundle。

**02** 安装前需要修改文件权限，获得文件可读、可写、可执行的权限，否则无法安装。在终端执行命令 sudo chmod 777 VMware-Workstation-Full-15.5.6-16341506.x86_64.bundle。

**03** 在终端执行命令 sudo ./VMware-Workstation-Full-15.5.6-16341506.x86_64.bundle 进行安装。

**04** 安装完成后，可以直接在启动器中找到相应图标单击打开 VMware 虚拟机，VMware 界面如图 12.30 所示。

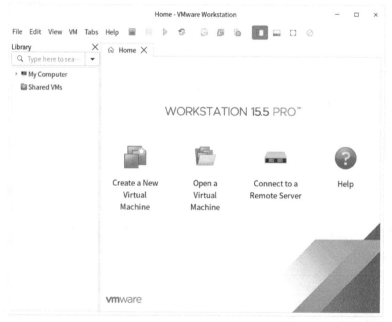

图 12.30　VMware 界面

第 **13** 章

# 游戏与娱乐

统信 UOS 除了可以用于办公以外，还可以进行游戏和娱乐。用户可以通过应用商店来查找和下载游戏，下载方法与下载其他软件类似，这里不再进行详细讲解。本章主要介绍如何在统信 UOS 中下载、安装、使用 Steam 平台，以及如何使用 Steam 中的 Proton 开源工具来玩 Windows 操作系统中的游戏。

Steam 平台是目前全球较大的综合性数字游戏软件发行平台，玩家可以在该平台购买、下载、讨论、上传以及分享游戏和软件。

Steam 平台提供 Value 反作弊系统（Value Anti-cheating，VAC）、自动更新系统、好友系统、游戏列表、游戏截图、视频分享等功能。在 Steam 平台上购买的游戏会在 Steam 客户端的游戏库内显示，并可以选择下载和安装。

# 13.1 Steam 的基本操作

本节主要讲解 Steam 的基本操作，包括如何下载和安装 Steam、创建和登录 Steam 账号、如何设置中文界面等。

## 13.1.1 下载和安装 Steam

**01** 在统信 UOS 中使用 Steam 游戏平台，需要通过官网下载对应的扩展名为 .deb 的安装包来进行安装。进入 Steam 官网后，单击【安装 STEAM】按钮，默认下载的就是扩展名为 .deb 的安装包，如图 13.1 所示。

图 13.1　下载安装包

**02** 在统信 UOS 中双击下载的安装包，单击【安装】按钮，即可进行安装，如图 13.2 所示。

## 13.1.2 创建 / 登录账号

**01** 安装完成后，单击屏幕左下角的启动器按钮，进入启动器界面，找到 Steam 图标，单击即可进入启动界面，如图 13.3 所示。

> **提示** 首次启动 Steam 时，可能会提示"需要下载并更新数据"。

**02** 如果已有账号，单击【LOGIN TO AN EXISTING

图 13.2　安装

ACCOUT】按钮进入登录界面，输入 Account name（账号）和 Password（密码）后单击【LOGIN】按钮即可登录账号，如图 13.4 所示。

**03** 如果没有账号、需要单击【CREATE NEW ACCOUNT】按钮来创建新的账号。输入账号 EMAIL ADDRESS（邮箱地址）和 CONFIRM EMAIL ADDRESS（确认邮箱地址），选择COUNTRY OF RESIDENCE（居住国家）。在创建账号界面底部，阅读隐私协议，并勾选【I agree AND am 13 years of age or older】，然后单击【CONTINUE】按钮，如图 13.5 所示。

图 13.3　启动界面

图 13.4　登录界面

**04** 验证账号注册邮箱后即可成功创建账号，如图 13.6 所示。

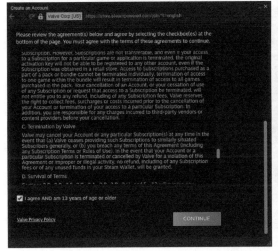

图 13.5　创建账号界面

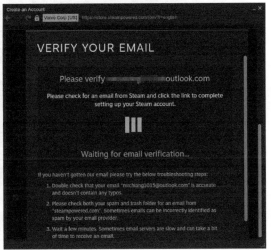

图 13.6　验证注册邮箱

### 13.1.3 设置中文界面

登录账号后，Steam 平台默认显示英文界面，在使用的过程中可能会不太方便。因此在使用前还需要先将界面设置为中文界面。

**01** 选择【Steam-Settings】，进入 Settings（设置）界面，如图 13.7 所示，在左侧列表选择【Interface】，设置界面语言为【简体中文】并单击【OK】按钮。

**02** 按照系统提示重启 Steam 后，显示为中文界面。

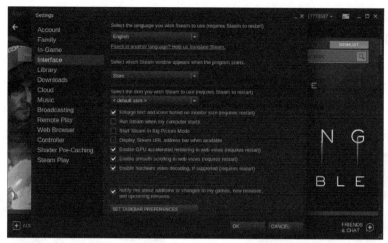

图 13.7　切换界面语言

### 13.1.4 好友功能

登录账号后，选择【好友 – 查看好友列表】，进入好友聊天界面，可以添加和管理好友、使用群组聊天、编辑个人资料、设置当前状态等，如图 13.8 所示。

图 13.8　好友聊天界面

> 提示　单击界面右下角的【好友与聊天】，可以快速进入聊天面板，及时查看好友和群组信息。

### 13.1.5 搜索和下载游戏

**1. 商店功能**

在主界面选择【商店 – 精选】，进入官方精选和推荐游戏界面，可以快速检索或浏览平台当前精选和推荐的游戏，如图 13.9 所示。

**2. 下载游戏**

**01** 在商店中找到想要玩的游戏后，可以选择将其下载，以下载 Firestone Idle RPG 为例，在商店中找到 Firestone Idle RPG 后，单击游戏封面进入游戏详情界面，如图 13.10 所示。

图 13.9　精选和推荐游戏界面

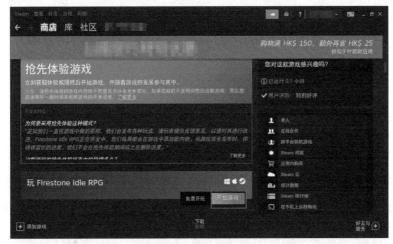

图 13.10　游戏详情界面

**02** 单击【开始游戏】按钮，弹出游戏安装界面，显示游戏需要的硬盘空间大小和计算机的可用磁盘空间大小，用户可以根据情况勾选在桌面或任务栏创建快捷方式，如图 13.11 所示。

图 13.11　安装界面

**03** 单击【下一步】按钮，界面显示游戏下载进度，等游戏下载完成后，单击【完成】按钮即可，如图 13.12 所示。

图 13.12　下载游戏

### 13.1.6 添加和激活游戏

**1. 添加游戏**

单击左下角【添加游戏 – 浏览 Steam 商店查找游戏】，进入商店，可以快速检索、浏览以及下载当前商店中付费或免费的游戏，将其添加到游戏库中，如图 13.13 所示。

图 13.13　添加游戏

除了添加 Steam 平台内的游戏外，Steam 还可以自动检测计算机上已有的游戏应用程序，选择对应的应用程序就可以将非 Seam 平台的游戏添加到 Seam 游戏库中。

选择【添加游戏 – 添加非 Steam 游戏】，在弹出的对话框中选择非 Steam 商店的

游戏，在弹出的添加游戏对话框中选择本地游戏，单击【打开】按钮即可，如图 13.14
所示。

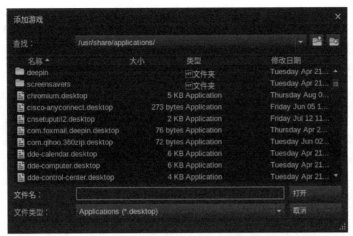

图 13.14　添加非 Steam 游戏

### 2. 激活游戏

**01** 单击左下角【添加游戏 - 在 Steam 上激活产品】，进入产品激活界面，如果在其他渠道或平台购买了 Steam 游戏的激活码，可以通过 Steam 平台进行激活，如图 13.15 所示。

**02** 单击【下一步】按钮，查看并同意《Steam 订户协议》中的所有条款，如图 13.16 所示。

**03** 单击【我同意】按钮，进入产品激活中输入产品代码界面，按照产品密钥格式输入正确的密钥，即可进行激活，如图 13.17 所示。

图 13.15　产品激活 1

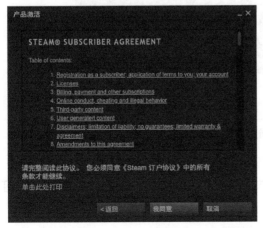

图 13.16　产品激活 2

图 13.17　产品激活 3

### 13.1.7 游戏库功能

选择【库 – 主页】，进入游戏库界面，可以看到所有下载过的游戏，如图 13.18 所示。

图 13.18　进入游戏库

在左侧的游戏列表的某个游戏上单击鼠标右键，可以选择开始游戏，或选择将游戏添加至收藏夹、管理游戏、查看游戏属性等，如图 13.19 所示。

图 13.19　游戏库的界面

> **提示**　单击菜单栏【游戏】可以快速进入游戏库，同时还可以进行激活游戏、兑换、管理通行证等操作。

单击列表中的游戏，弹出图形配置界面，选择所需的分辨率后，单击【OK】按钮即可开始游戏，如图 13.20 所示。

图 13.20　开始游戏

### 13.1.8 帮助功能

选择【帮助 –Steam 客服】，进入 Steam 客服界面，如图 13.21 所示。在 Steam 客服界面可以选择需要咨询的模块，还可以搜索问题、功能以及游戏等来寻找答案。

图 13.21　帮助功能

# 13.2 使用 Proton 玩 Windows 游戏

Proton 是 Valve 游戏公司发布的 Windows 兼容开源工具，可以通过该工具在 Linux 和 macOS 中运行 Windows 版本的游戏。Proton 是基于 Wine 编写的，Valve 游戏公司发布的 Steam Play 的测试版已经包括了 Proton 开源工具。

### 13.2.1 如何安装和配置 Proton

**01** 打开 Steam 并登录账户，在菜单栏中选择【Steam– 设置】，选择左侧导航栏的【账户】，如图 13.22 所示。

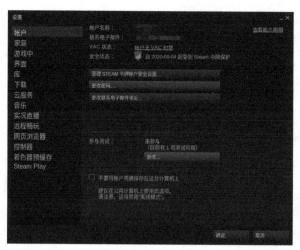

图 13.22　设置

**02** 单击参与测试中的【更改】按钮进入参与测试界面，在参与测试下拉框中选择【Steam Beta Update】，单击【确定】按钮如图 13.23 所示。

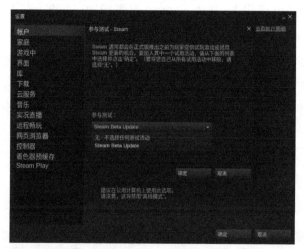

图 13.23　Steam Beta Update 设置

**03** 根据弹出的提示框，单击【重新启动 STEAM】按钮，如图 13.24 所示。

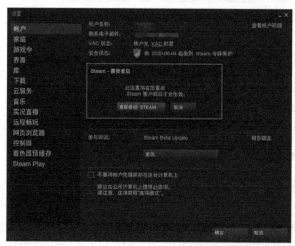

图 13.24　重新启动 Steam

**04** 再次打开 Steam 并登录账户，在菜单栏中选择【Steam- 设置】，选择左侧导航栏的【Steam Play】，勾选【为所有其他产品启用 Steam Play】，同时选择运行其他产品时使用的 Proton 的版本，单击【确定】按钮，即可完成 Proton 配置，如图 13.25 所示。

图 13.25　完成 Proton 配置

## 13.2.2 如何使用 Steam Play 安装 Windows 游戏

**01** 配置完 Proton 后，打开 Steam 并登录账户，在菜单栏中选择【库 - 主页】，进入游戏库界面，可显示 Proton 支持的游戏，如图 13.26 所示。

图 13.26　游戏库界面

**02** 以下载 7Days to Die Dedicated Server 游戏为例，在游戏库界面单击【7Days to Die Dedicated Server】，进入游戏封面，如图 13.27 所示。

**03** 单击【商店页面】进入 7Days to Die Dedicated Server 的详情界面，单击【马上开玩】按钮，如图 13.28 所示。

**04** 弹出游戏安装界面，显示所需的硬盘空间、预计下载时间以及创建快捷方式，单击【下一步】按钮，如图 13.29 所示。

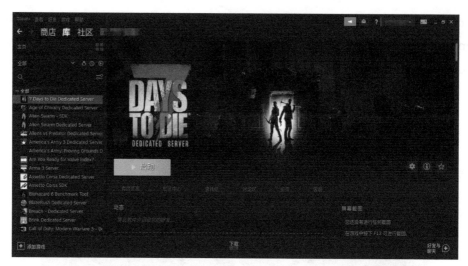

图 13.27　游戏封面

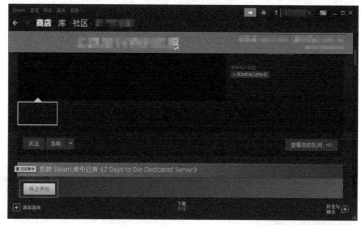

图 13.28　游戏详情页面

**05** 显示游戏下载进度，等游戏下载完后，单击【完成】按钮即可完成安装，如图 13.30 所示。

图 13.29　游戏安装

图 13.30　完成安装

- 高阶篇 -

第 **14** 章

# 系统管理

在使用计算机的过程中难免会遇到问题，本章讲解统信 UOS 中常用的系统管理和维护方法。

# 14.1 安全中心

安全中心是统信 UOS 预装的安全辅助应用，主要包括系统体检、防火墙、自启动管理以及系统安全等功能，可以全面提升系统的安全性。

## 14.1.1 系统体检

**01** 单击屏幕左下角的启动器按钮 ⚙，进入启动器界面，上下滚动鼠标滚轮浏览或通过搜索找到安全中心图标 ⚙，单击打开安全中心。

**02** 默认进入安全中心首页，在首页单击【立即体检】按钮，进行系统体检，如图 14.1 所示。

图 14.1　系统体检

## 14.1.2 防火墙

打开安全中心，选择左侧导航栏的【防火墙】，在防火墙界面可以进行全局设置、联网控制以及查看流量详情。

### 1．全局设置

在防火墙界面，可针对所有的应用和服务进行应用联网和远程访问设置，可设置为默认询问、默认禁止以及默认允许；还可以单击【重置】按钮，重置防火墙，执行后应用联网和远程访问恢复为默认的【默认询问】，如图 14.2 所示。

### 2．联网控制

联网控制的功能是设置启动器中单个应用联网的状态。在防火墙设置界面，单击【联网控制】按钮，在弹出的对话框中，每个应用或服务右侧的下拉列表框中有 4 种选项，如图 14.3 所示。

- 询问：应用联网时给出提示，同"默认（询问）"。
- 允许：应用联网时默认允许，不会有提示信息，同"默认（允许）"。
- 禁止：应用联网时给出提示，同"默认（禁止）"。
- 默认（询问 / 允许 / 禁止）：对应应用联网的默认设置。

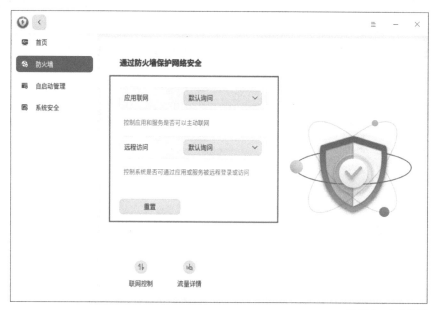

图 14.2　全局设置

### 3. 流量详情

在防火墙界面，单击【流量详情】按钮，可查看每个应用的流量使用详情。

在当前联网界面展示所有启动中的应用，以及每个应用当前的下行网速、上行网速和管控，如图 14.4 所示。单击管控按钮🔧，可跳转到联网管控界面。

单击【流量排名】，进入流量排名界面，可以查看所有启动器里的应用使用流量的排名情况，包括下行流量、上行流量、总流量，以及流量按时间排序的详情，如图 14.5 所示。单击流量排名列表右上角的按钮∨，可切换流量排名的时间跨度为当天、昨天、当月以及上月。

图 14.3　联网管控

图 14.4　当前联网

图 14.5　流量排名

提示　可单击列表表头的名称、下行流量、上行流量以及总流量，按其进行排序。

### 14.1.3　自启动管理

在安全中心界面，选择左侧导航栏的【自启动管理】。自启动管理界面仅显示启动器里的应用，包括应用名称、自启动状态以及操作按钮，如图 14.6 所示。单击操作按钮，可修改每个应用的自启动状态，可选择允许或禁止开机自启动。

图 14.6　自启动管理

## 14.1.4　系统安全

　　在安全中心界面，选择左侧导航栏的【系统安全】，在系统安全界面可以设置账户密码安全等级、锁屏壁纸、屏幕保护以及升级策略等。

### 1.　登录安全

　　在系统安全界面，选择【登录安全】，进入账户密码安全设置界面，如图 14.7 所示。

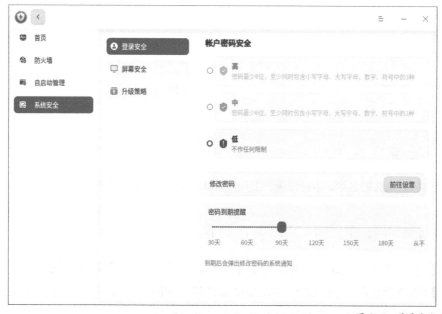

图 14.7　登录安全

安全等级为【高】或【中】时，在控制中心修改密码或创建新用户设置密码时，若设置的密码不符合级别要求，会保存失败，并提示前往安全中心修改安全等级或重新设置密码。

安全等级为【低】时，在控制中心修改密码或创建新用户设置密码的时候，直接保存新设置的密码。

### 2. 屏幕安全

在系统安全界面，选择【屏幕安全】，进入屏幕安全设置界面。可以设置自动锁屏时间、锁屏壁纸、关闭显示器以及屏幕保护，如图 14.8 所示。

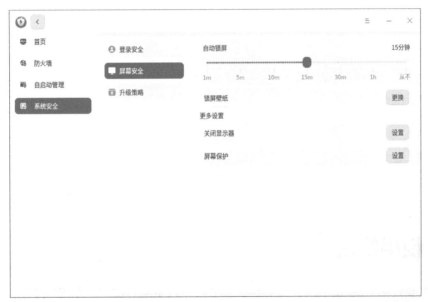

图 14.8　屏幕安全

单击关闭显示器栏后的【设置】按钮，界面会直接跳转到控制中心使用电源设置界面，对计算机电源方案进行设置，如图 14.9 所示。

图 14.9　使用电源

### 3．升级策略

在系统安全界面，选择【升级策略】，进入系统更新设置界面。在系统更新设置界面可以查看当前系统版本是否最新，从而选择是否升级，也可以开启更新提醒和自动下载更新，如图 14.10 所示。

图 14.10　升级策略

# 14.2　使用终端

本节主要介绍 bash、终端、tty 的概念和它们的使用方法，以及 Shell 的基本操作命令与说明。

### 14.2.1　bash 与终端

### 1．什么是 bash

操作系统的内核 (Kernel) 管理着整台计算机的硬件，是操作系统中最基本的部分。内核处于系统的底层，是不能让普通用户随意操作的，以避免误操作导致系统崩溃。这就需要一个专门的程序，让它接受用户输入的命令，然后根据指令去调用对应的应用程序，接着该应用程序直接与内核沟通，最后让内核完成相应的操作。这个提供指令入口的程序就叫作 Shell，bash 是 Shell 程序用得较广泛的一种。

### 2．什么是终端

终端用来让用户输入数据至计算机，然后显示其计算结果。很多个用户通过终端去访问一台计算机用的是普通的终端，而专门管理那些机器的系统管理员用的终端则被叫作控制台。键盘与显示器既可以被认为是控制台，也可以被认为是普通的终端。

### 3. 什么是终端模拟器

随着计算机的升级，现在已经很少见到专门的终端硬件了，取而代之的则是键盘与显示器。但是有些不兼容图形接口的命令行程序并不能直接读取键盘输入，也没办法把计算结果显示在显示器上，于是就有了"终端模拟器"来专门模拟传统终端。

对于那些命令行（Command-Line Interface，CLI）程序，终端模拟器会模拟成一个传统终端设备；对于现代的图形接口，终端模拟器会模拟成一个图形用户界面（Graphical User Interface，GUI），又称图形用户接口。

一个终端模拟器的标准工作流程从捕获键盘输入开始，将输入发送给命令行程序（程序会认为这是从一个"真正的终端设备"输入的），拿到命令行程序的输出结果之后，调用图形接口，将输出结果输出至显示器。

终端模拟器有很多，如 GNOME terminal 和 Konsole。统信 UOS 的终端应用也是终端模拟器。

## 14.2.2 使用终端与 tty

### 1. 使用终端

统信 UOS 的终端程序，中文名为终端，英文名为 terminal。单击屏幕左下角的启动器按钮 ◈，进入启动器界面，在启动器中通过浏览或搜索找到终端图标▧，单击打开终端，输入命令后，按【Enter】键确认即可执行命令。

### 2. 使用 tty

tty 是终端设备的总称，同时也是命令，用于显示终端连接标准输入设备的文件名称，tty 相关的命令如表 14.1 所示。

**表 14.1　tty 相关的命令**

| 命令 | 说明 |
| --- | --- |
| tty -s | |
| tty --silent | 什么也不显示，只返回退出状态值 |
| tty --quiet | |
| tty --help | 显示帮助信息并退出 |
| tty --version | 显示版本信息并退出 |
| tty | 输出" /dev/pts/0 "，就是当前连接的终端对应的文件描述符号 |

### 14.2.3 基本的 Shell 操作

通过 Shell 可以进行文件管理、文字处理、程序执行、网络配置、服务启停等操作，本小节主要讲解相关命令和说明，具体执行的命令参见本书附录 A。

**1. 查看文件内容的命令**

通过 Shell 查看文件内容的命令包括 cat 命令、head 命令以及 tail 命令，详细说明如表 14.2 所示。

**表 14.2　查看文件内容的命令**

| 命令 | 说明 |
| --- | --- |
| cat | 主要用于查看文件内容、创建文件、文件合并、追加文件内容等 |
| head | 用于显示指定文件开头某个数量的文字区块，默认显示文本文件的前 10 行 |
| tail | 和 head 命令功能相似，不同的是 tail 命令默认显示文本的最后 10 行；tail 命令还可用于跟踪文件实时内容更改，尤其适合用于查看日志文件 |

**2. 文件和目录操作命令**

通过 Shell 创建目录和调整目录下的文件的相关命令包括 mkdir 命令、cp 命令、mv 命令、rm 命令、touch 命令、diff 命令、tar 命令、zip 命令 unzip 命令以及 echo 命令，详细说明如表 14.3 所示。

**表 14.3　文件和目录操作命令**

| 命令 | 说明 |
| --- | --- |
| mkdir | 用于创建目录 |
| cp | 将文件或文件夹从当前目录复制到另一个目录 |
| mv | 用于移动文件和重命名文件 |
| rm | 用于删除目录和其中的内容 |
| touch | 快速创建一个空文件 |
| diff | 逐行比较两个文件的内容，输出不匹配的行 |
| tar | 将文件或文件夹打包压缩、解压 |
| zip | 将文件压缩到 zip 存档中 |
| unzip | 从 zip 存档中提取压缩文件 |
| echo | 用于将数据写入文件中 |

注意　使用 rm 命令要格外小心，仔细检查当前所在的目录。因为 rm 命令会删除命令中指定的目录中的所有文件，并且不能撤销。

**3. 提取、排序以及筛选数据操作命令**

通过 Shell 进行提取、排序以及筛选数据操作的相关命令包括 grep 命令和 sudo 命令，详细说明如表 14.4 所示。

**表 14.4　提取、排序以及筛选数据操作命令**

| 命令 | 说明 |
| --- | --- |
| grep | 用于在文件中搜索内容 |
| sudo | 可以执行超级用户权限的命令，不建议在日常中使用此命令 |

## 4. 基本终端导航命令

基本终端导航命令包括 ls 命令、cd 命令、du 命令、pwd 命令、df 命令、man 命令、rmdir 命令等，详细说明如表 14.5 所示。

**表 14.5　基本终端导航命令**

| 命令 | 说明 |
| --- | --- |
| ls | 用于查看目录的内容 |
| cd | 在终端中切换目录 |
| du | 用于显示目录或文件的大小，也可以显示指定的目录或文件所占用的磁盘空间。如果要以人们容易看懂的 KB、MB、GB 等单位显示，可以在命令行中添加 -h 参数 |
| pwd | 用于显示当前工作目录的绝对路径 |
| df | 用于获取有关操作系统磁盘空间使用情况的报告，以百分比和 KB 表示 |
| man | 用于查看 Linux 中的指令帮助、配置文件帮助以及编程帮助等信息 |
| rmdir | 用于删除目录，但是仅允许删除空目录 |
| kill | 用于终止无响应的程序，它将向运行异常的应用发送特定信号，并指示该应用自行终止。kill 命令总共可以使用 64 个信号，但是通常只使用 2 个信号 SIGKILL（9）和 SIGTERM（15） |
| ping | 用于检查计算机与服务器的连接状态 |
| uname | 用于输出计算机 Linux 操作系统信息，如计算机名称的详细信息、操作系统、内核等，通常用带有参数 -a 的命令（如 uname -a），即可输出所有信息 |
| top | 用于显示正在运行的进程的列表、每个进程使用的 CPU 数量以及内存情况，常用于监视系统资源使用情况 |
| history | 用于查看历史记录命令 |
| find | 用于搜索文件和目录 |

## 5. 文件权限命令

在 Linux 中，所有文件均归特定用户所有，使用文件权限命令可更改文件和目录权限，文件权限命令包括 chown 命令和 chmod 命令，详细说明如表 14.6 所示。

**表 14.6　文件权限命令**

| 命令 | 说明 |
| --- | --- |
| chown | 更改或转让文件所有权给指定的用户名 |
| chmod | 用于更改文件和目录的读取、写入以及执行权限 |

## 14.3　查看系统硬件信息

计算机是由多种硬件组合而成的，包括存储器、运算器、控制器以及输入输出设备，每种硬件的品牌和型号众多，以下内容介绍在统信 UOS 中查看硬件信息的几种方式。

### 14.3.1　使用设备管理器

计算机硬件的品牌和型号众多，统信 UOS 中预装了设备管理器应用，可以非常方便地查看和管理硬件设备。针对运行在操作系统上的硬件设备，可进行参数状态查看、数据信息导出等操作。

**01** 单击屏幕左下角的启动器按钮 ，进入启动器界面，上下滚动鼠标滚轮浏览或通过搜索找到设备管理器图标 ，单击弹出应用授权提示框。

**02** 输入操作系统登录密码后，进入设备管理器界面。

**03** 设备管理器界面默认显示概况信息，包括设备型号、操作系统版本、处理器、主板等硬件列表，以及对应的品牌、名称、型号等信息，如图 14.11 所示。单击左侧导航栏中的其他选项可查看对应的设备信息，这里不再一一进行展示，其他设备详情，如表 14.7 所示。

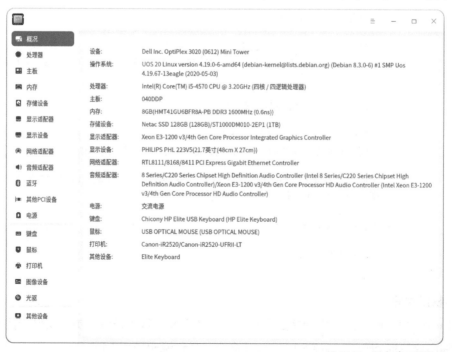

图 14.11　设备管理器界面

表 14.7　设备详情

| 导航栏 | 信息显示栏 |
| --- | --- |
| 概况 | 设备、操作系统、处理器等硬件列表 |
| 处理器 | 处理器的详细信息，包含名称、制造商、架构及型号等信息 |
| 主板 | 主板、内存插槽、系统、BIOS 及机箱等信息 |
| 内存 | 内存的型号、制造商、大小、类型及速度等信息 |
| 存储设备 | 存储设备的型号、制造商、介质类型、容量及速度等信息 |
| 显示适配器 | 显示设备的名称、制造商、显存、分辨率及驱动程序等信息 |
| 显示设备 | 显示设备的名称、制造商、分辨率及连接类型等信息 |
| 网络适配器 | 网络设备的名称、制造商、物理地址及速度等信息 |
| 音频适配器 | 音频适配器列表和音频适配器的详细信息，如名称、制造商、总线信息、位宽及驱动程序等信息 |
| 蓝牙 | 蓝牙设备的名称、制造商、物理地址及连接模式等信息 |
| 其他 PCI 接口 | 没有连接对应设备，则显示为未发现其他 PCI 设备 |
| 电源 | 电源设备的名称、制造商、容量、类型等信息 |
| 键盘 | 键盘的名称、制造商、总线信息、类型及驱动程序等信息 |
| 鼠标 | 鼠标的名称、总线信息、类型、驱动程序及速度等信息 |
| 打印机 | 直接连接的打印机列表和所有打印机的详细信息，如名称、制造商和型号、设备 RUI 等信息 |
| 图像设备 | 图像设备的名称、制造商及类型等信息 |
| 光驱 | 光驱设备的型号、制造商及类型等信息 |
| 其他设备 | 非 PCI 的其他接口的输入设备，如光笔、手写板、数位板及游戏杆等设备 |

## 14.3.2　查看 USB 设备信息

### 1. 设备管理器内查看 USB 设备

计算机在连接 USB 设备后，打开设备管理器，选择【其他设备】可查看 USB 设备的详细信息，如名称、类型、描述、制造商、总线信息、物理 ID 等信息，如图 14.12 所示。

### 2. lsusb 命令查看 USB 设备信息

**01** 计算机在连接了 USB 设备后，在终端中执行命令 `lsusb -h` 查看帮助信息，可找到查看 USB 设备信息的命令，如图 14.13 所示。

**02** 在终端中执行命令 `lsusb -tv`，界面上可显示 USB 设备的详细信息，如图 14.14 所示。

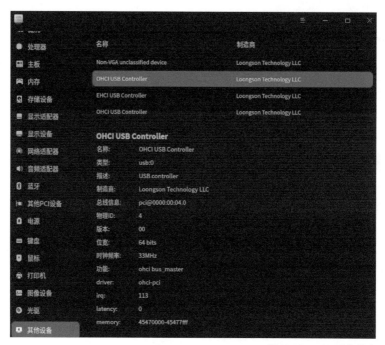

图 14.12  USB 设备信息

```
xieying@xieying-PC:~$ lsusb -h
Usage: lsusb [options]...
List USB devices
  -v, --verbose
      Increase verbosity (show descriptors)
  -s [[bus]:][devnum]
      Show only devices with specified device and/or
      bus numbers (in decimal)
  -d vendor:[product]
      Show only devices with the specified vendor and
      product ID numbers (in hexadecimal)
  -D device
      Selects which device lsusb will examine
  -t, --tree
      Dump the physical USB device hierarchy as a tree
  -V, --version
      Show version of program
  -h, --help
      Show usage and help
xieying@xieying-PC:~$
```

图 14.13  USB 帮助信息

```
caihh@caihh-PC:~/Desktop$ lsusb -tv
/:  Bus 04.Port 1: Dev 1, Class=root_hub, Driver=ehci-pci/2p, 480M
    |__ Port 1: Dev 2, If 0, Class=Hub, Driver=hub/6p, 480M
/:  Bus 03.Port 1: Dev 1, Class=root_hub, Driver=xhci_hcd/2p, 5000M
/:  Bus 02.Port 1: Dev 1, Class=root_hub, Driver=ehci-pci/2p, 480M
    |__ Port 1: Dev 2, If 0, Class=Hub, Driver=hub/4p, 480M
/:  Bus 01.Port 1: Dev 1, Class=root_hub, Driver=xhci_hcd/10p, 480M
    |__ Port 5: Dev 2, If 0, Class=Human Interface Device, Driver=usbhid, 1.5M
    |__ Port 5: Dev 2, If 1, Class=Human Interface Device, Driver=usbhid, 1.5M
    |__ Port 6: Dev 3, If 0, Class=Human Interface Device, Driver=usbhid, 1.5M
```

图 14.14  USB 设备信息

### 14.3.3  使用 lshw

lshw 是一个提取设备硬件详细信息的工具，能够提供内存、主板、CPU 以及总线等相关设备的信息，并且能够将结果导出为 HTML、JSON 等格式，方便用户阅读。

在终端中执行命令 `lshw -h` 可获取帮助信息，可根据需求查找到对应的 lshw 命令，如图 14.15 所示。

```
caihh@caihh-PC:~$ lshw -h
Hardware Lister (lshw) -
usage: lshw [-format] [-options ...]
       lshw -version

       -version        print program version ()

format can be
       -html           output hardware tree as HTML
       -xml            output hardware tree as XML
       -json           output hardware tree as a JSON object
       -short          output hardware paths
       -businfo        output bus information

options can be
       -class CLASS    only show a certain class of hardware
       -C CLASS        same as '-class CLASS'
       -c CLASS        same as '-class CLASS'
       -disable TEST   disable a test (like pci, isapnp, cpuid, etc. )
       -enable TEST    enable a test (like pci, isapnp, cpuid, etc. )
       -quiet          don't display status
       -sanitize       sanitize output (remove sensitive information like serial numbers, etc.)
       -numeric        output numeric IDs (for PCI, USB, etc.)
       -notime         exclude volatile attributes (timestamps) from output
```

图 14.15　lshw 帮助信息

常用的 lshw 命令如表 14.8 所示。

**表 14.8　常用的 lshw 命令**

| 命令 | 说明 |
| --- | --- |
| lshw −businfo | 查看详细的总线信息，包含 SCSI、USB、IDE、PCI 设备信息 |
| lshw −sanitize | 将显示结果中的 IP 地址、序列号等敏感信息移除 |
| lshw −html | 将结果以 HTML 的格式来显示 |
| lshw −html > info.html | 将结果导出到本地 |

## 14.3.4　使用 dmidecode

dmidecode 是获取系统硬件相关信息的工具，在终端使用 dmidecode 可查看帮助、BIOS、设备序列号、系统、内存、缓存等相关信息。

### 1. dmidecode 帮助信息

在终端中执行命令 `dmidecode -h` 可获取帮助信息，如图 14.16 所示。

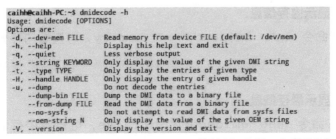

```
caihh@caihh-PC:~$ dmidecode -h
Usage: dmidecode [OPTIONS]
Options are:
 -d, --dev-mem FILE     Read memory from device FILE (default: /dev/mem)
 -h, --help             Display this help text and exit
 -q, --quiet            Less verbose output
 -s, --string KEYWORD   Only display the value of the given DMI string
 -t, --type TYPE        Only display the entries of given type
 -H, --handle HANDLE    Only display the entry of given handle
 -u, --dump             Do not decode the entries
     --dump-bin FILE    Dump the DMI data to a binary file
     --from-dump FILE   Read the DMI data from a binary file
     --no-sysfs         Do not attempt to read DMI data from sysfs files
     --oem-string N     Only display the value of the given OEM string
 -V, --version          Display the version and exit
```

图 14.16　dmidecode 帮助信息

## 2. dmidecode 显示 BIOS 信息

在终端中执行命令 `sudo dmidecode -t bios`，可查看 BIOS 信息，包括厂商、版本及出厂日期等信息，如图 14.17 所示。

```
qwe@qwe-PC:~$ sudo dmidecode -t bios
# dmidecode 3.2
Getting SMBIOS data from sysfs.
SMBIOS 2.7 present.

Handle 0x0000, DMI type 0, 24 bytes
BIOS Information
        Vendor: Dell Inc.
        Version: A08
        Release Date: 05/07/2015
        Address: 0xF0000
        Runtime Size: 64 kB
        ROM Size: 8192 kB
        Characteristics:
                PCI is supported
                PNP is supported
                BIOS is upgradeable
                BIOS shadowing is allowed
                Boot from CD is supported
                Selectable boot is supported
```

图 14.17　BIOS 信息

## 3. dmidecode 显示设备序列号

在终端中执行命令 `sudo dmidecode -s system-serial-number`，可查看设备序列号，如图 14.18 所示。

```
qwe@qwe-PC:~$ sudo dmidecode -s system-serial-number
2CSPN62
```

图 14.18　设备序列号

## 4. dmidecode 显示系统信息

在终端中执行命令 `sudo dmidecode -t system`，可查看系统信息，包括生产厂家、产品名称版本以及序列号等信息，如图 14.19 所示。

```
qwe@qwe-PC:~$ sudo dmidecode -t system
# dmidecode 3.2
Getting SMBIOS data from sysfs.
SMBIOS 2.7 present.

Handle 0x0001, DMI type 1, 27 bytes
System Information
        Manufacturer: Dell Inc.
        Product Name: OptiPlex 3020
        Version: 01
        Serial Number: 2CSPN62
        UUID: 4c4c4544-0043-5310-8050-b2c04f4e3632
        Wake-up Type: Power Switch
        SKU Number: OptiPlex 3020
        Family: Not Specified
```

图 14.19　系统信息

## 5. dmidecode 显示内存信息

在终端中执行命令 `sudo dmidecode -t memory`，可查看内存信息，如图 14.20 所示。

## 6. dmidecode 显示缓存信息

在终端中执行命令 `sudo dmidecode -t cache`，可查看缓存信息，如图 14.21 所示。

```
qwe@qwe-PC:~$ sudo dmidecode -t cache
# dmidecode 3.2
Getting SMBIOS data from sysfs.
SMBIOS 2.7 present.

Handle 0x0034, DMI type 7, 19 bytes
Cache Information
        Socket Designation: CPU Internal L1
        Configuration: Enabled, Not Socketed, Level 1
        Operational Mode: Write Back
        Location: Internal
        Installed Size: 256 kB
        Maximum Size: 256 kB
        Supported SRAM Types:
                Unknown
        Installed SRAM Type: Unknown
        Speed: Unknown
        Error Correction Type: Single-bit ECC
        System Type: Other
        Associativity: 8-way Set-associative
```

```
qwe@qwe-PC:~$ sudo dmidecode -t memory
# dmidecode 3.2
Getting SMBIOS data from sysfs.
SMBIOS 2.7 present.

Handle 0x0037, DMI type 16, 23 bytes
Physical Memory Array
        Location: System Board Or Motherboard
        Use: System Memory
        Error Correction Type: None
        Maximum Capacity: 16 GB
        Error Information Handle: Not Provided
        Number Of Devices: 2
```

图 14.20　内存信息　　　　　　　　　　　　　　　　图 14.21　缓存信息

# 14.4 使用 systemd 管理系统服务

systemd 是操作系统的管家，通过它可以快捷、方便地管理系统的各项功能。

## 14.4.1 systemd 概述

systemd 是 Linux 操作系统中最基础的组成部分，作为操作系统的第一个用户进程（PID1）运行并启动操作系统的其余部分，其主要作用是进行操作系统和服务管理。systemd 具有并行启动系统服务的功能，使用套接字和 D-Bus 激活来启动服务，按需启动、守护程序，使用 Linux 控制组跟踪进程，维护安装和自动挂载点，以及实现精心设计的基于事务依赖关系的服务控制逻辑。

systemd 支持 SysV 和 LSB 初始化脚本，并替代 SysVinit。systemd 的其他功能包括日志记录守护程序，用于控制基本系统配置，如主机名、日期、区域设置、已登录用户和正在运行的容器、虚拟机的列表、系统账户、运行时目录和设置等，也可用于管理简单网络的守护程序配置，如网络时间的同步，日志转发以及名称解析等。

虽然 systemd 功能较强大，管理范围较宽广，但它的核心只有一个 /bin/systemd。Linux 内核启动后，它作为第一个被执行的用户进程，起到了承上启下的作用。当某个进程占用太多系统资源时，systemd 有权执行 OOM 机制来杀死该进程，即彻底结束该进程，以此保护整个系统不会因资源耗尽而崩溃。

## 14.4.2 服务管理

systemd 最重要的功能就是对系统的服务管理，服务进程的启动、重启等都是由它控制的。如在准备搭建一个网站前，需在终端中执行 sudo apt install nginx 命令安装 NGINX（Web 服务器），然后就可以用如下所示的命令来管理 NGINX 服务。

- 启动服务：执行命令 sudo systemctl start nginx.service。
- 停止服务：执行命令 sudo systemctl stop nginx.service。
- 重启服务：执行命令 sudo systemctl restart nginx.service。

● 查看服务状态：执行命令 sudo systemctl status nginx.service。

有时启动服务可能会报错，就需要通过查看服务状态来判断错误原因，如图 14.22 所示。

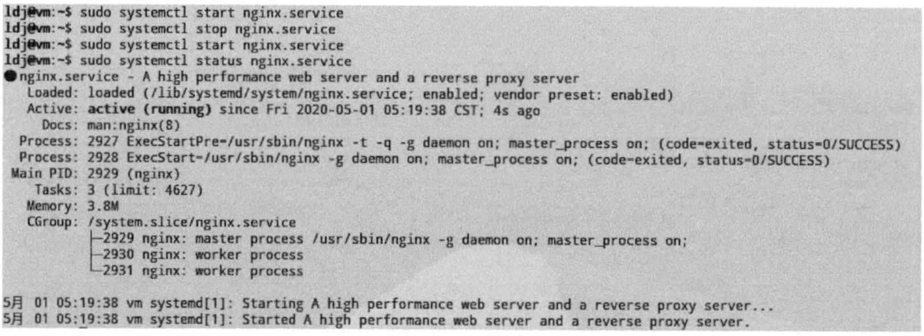

```
ldjevm:~$ sudo systemctl start nginx.service
ldjevm:~$ sudo systemctl stop nginx.service
ldjevm:~$ sudo systemctl start nginx.service
ldjevm:~$ sudo systemctl status nginx.service
● nginx.service - A high performance web server and a reverse proxy server
   Loaded: loaded (/lib/systemd/system/nginx.service; enabled; vendor preset: enabled)
   Active: active (running) since Fri 2020-05-01 05:19:38 CST; 4s ago
     Docs: man:nginx(8)
  Process: 2927 ExecStartPre=/usr/sbin/nginx -t -q -g daemon on; master_process on; (code=exited, status=0/SUCCESS)
  Process: 2928 ExecStart=/usr/sbin/nginx -g daemon on; master_process on; (code=exited, status=0/SUCCESS)
 Main PID: 2929 (nginx)
    Tasks: 3 (limit: 4627)
   Memory: 3.8M
   CGroup: /system.slice/nginx.service
           ├─2929 nginx: master process /usr/sbin/nginx -g daemon on; master_process on;
           ├─2930 nginx: worker process
           └─2931 nginx: worker process

5月 01 05:19:38 vm systemd[1]: Starting A high performance web server and a reverse proxy server...
5月 01 05:19:38 vm systemd[1]: Started A high performance web server and a reverse proxy server.
```

图 14.22　查看服务状态

如果想要在每次系统重启的时候开启 / 禁止开启服务，可以打开 / 关闭 Web 服务器 NGINX 的自动启动状态，执行如下命令。

● 开机启动服务：执行命令 sudo systemctl enable nginx.service。
● 禁止开机启动服务：执行命令 sudo systemctl disable nginx.service。

### 14.4.3 电源管理

在终端中执行如下命令可对计算机的电源进行管理。

● 重启：执行命令 sudo systemctl reboot。
● 关机：执行命令 sudo systemctl poweroff。
● 待机：执行命令 sudo systemctl suspend。
● 休眠：执行命令 sudo systemctl hibernate。

### 14.4.4 日志管理

systemd 可以使用 journalctl 命令管理日志，本小节主要介绍如何使用 journalctl 命令查看日志。

执行命令 sudo journalctl 可查看所有日志，如图 14.23 所示。

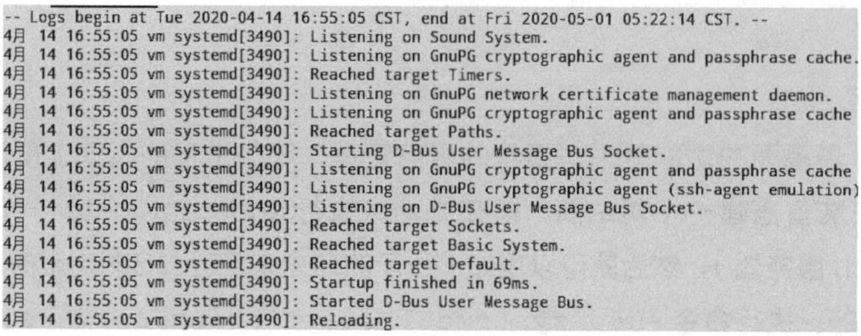

```
-- Logs begin at Tue 2020-04-14 16:55:05 CST, end at Fri 2020-05-01 05:22:14 CST. --
4月 14 16:55:05 vm systemd[3490]: Listening on Sound System.
4月 14 16:55:05 vm systemd[3490]: Listening on GnuPG cryptographic agent and passphrase cache.
4月 14 16:55:05 vm systemd[3490]: Reached target Timers.
4月 14 16:55:05 vm systemd[3490]: Listening on GnuPG network certificate management daemon.
4月 14 16:55:05 vm systemd[3490]: Listening on GnuPG cryptographic agent and passphrase cache
4月 14 16:55:05 vm systemd[3490]: Reached target Paths.
4月 14 16:55:05 vm systemd[3490]: Starting D-Bus User Message Bus Socket.
4月 14 16:55:05 vm systemd[3490]: Listening on GnuPG cryptographic agent and passphrase cache
4月 14 16:55:05 vm systemd[3490]: Listening on GnuPG cryptographic agent (ssh-agent emulation)
4月 14 16:55:05 vm systemd[3490]: Listening on D-Bus User Message Bus Socket.
4月 14 16:55:05 vm systemd[3490]: Reached target Sockets.
4月 14 16:55:05 vm systemd[3490]: Reached target Basic System.
4月 14 16:55:05 vm systemd[3490]: Reached target Default.
4月 14 16:55:05 vm systemd[3490]: Startup finished in 69ms.
4月 14 16:55:05 vm systemd[3490]: Started D-Bus User Message Bus.
4月 14 16:55:05 vm systemd[3490]: Reloading.
```

图 14.23　查看所有日志

执行命令 sudo journalctl -k，可查看所有日志，并筛选出与内核相关的日志，如图 14.24 所示。

```
-- Logs begin at Tue 2020-04-14 16:55:05 CST, end at Fri 2020-05-01 05:23:22 CST.
5月 01 05:18:37 vm kernel: Linux version 4.19.0-6-amd64 (debian-kernel@lists.debia
5月 01 05:18:37 vm kernel: Command line: BOOT_IMAGE=/vmlinuz-4.19.0-6-amd64 root=U
5月 01 05:18:37 vm kernel: Disabled fast string operations
5月 01 05:18:37 vm kernel: x86/fpu: Supporting XSAVE feature 0x001: 'x87 floating
5月 01 05:18:37 vm kernel: x86/fpu: Supporting XSAVE feature 0x002: 'SSE registers
5月 01 05:18:37 vm kernel: x86/fpu: Supporting XSAVE feature 0x004: 'AVX registers
5月 01 05:18:37 vm kernel: x86/fpu: Supporting XSAVE feature 0x008: 'MPX bounds re
5月 01 05:18:37 vm kernel: x86/fpu: Supporting XSAVE feature 0x010: 'MPX CSR'
5月 01 05:18:37 vm kernel: x86/fpu: xstate_offset[2]:  576, xstate_sizes[2]:  256
5月 01 05:18:37 vm kernel: x86/fpu: xstate_offset[3]:  832, xstate_sizes[3]:   64
5月 01 05:18:37 vm kernel: x86/fpu: xstate_offset[4]:  896, xstate_sizes[4]:   64
```

图 14.24　筛选出与内核相关日志

执行命令 sudo journalctl -p err，可查看所有日志，并筛选出错误相关的日志，如图 14.25 所示。

```
-- Logs begin at Tue 2020-04-14 16:55:05 CST, end at Fri 2020-05-01 05:24:19 CST. --
4月 14 17:23:12 vm systemd[1453]: Failed to start BAMF Application Matcher Framework.
4月 14 17:23:13 vm systemd[1453]: Failed to start BAMF Application Matcher Framework.
4月 14 17:23:13 vm systemd[1453]: Failed to start BAMF Application Matcher Framework.
4月 14 17:23:13 vm systemd[1453]: Failed to start BAMF Application Matcher Framework.
4月 14 17:23:13 vm systemd[1453]: Failed to start BAMF Application Matcher Framework.
4月 14 17:23:14 vm systemd[1453]: Failed to start BAMF Application Matcher Framework.
```

图 14.25　筛选错误相关的日志

除了 err，还可以替换为其他的参数来查看所有日志，并筛选出错误相关的日志，可选参数有 0:emerg、1:alert、2:crit、3:err、4:warning、5:notice、6:info 或 7:debug。其中数字代表级别，级别越高越详细。在使用 err 查看日志时也可以使用 3 来代替 err，其效果是一样的。

执行命令 sudo journalctl -b，可查看本次开机到查看日志时的日志，如图 14.26 所示。

```
-- Logs begin at Tue 2020-04-14 16:55:05 CST, end at Fri 2020-05-01 05:25:17 (
5月 01 05:18:37 vm kernel: Linux version 4.19.0-6-amd64 (debian-kernel@lists.d
5月 01 05:18:37 vm kernel: Command line: BOOT_IMAGE=/vmlinuz-4.19.0-6-amd64 ro
5月 01 05:18:37 vm kernel: Disabled fast string operations
5月 01 05:18:37 vm kernel: x86/fpu: Supporting XSAVE feature 0x001: 'x87 float
5月 01 05:18:37 vm kernel: x86/fpu: Supporting XSAVE feature 0x002: 'SSE regis
5月 01 05:18:37 vm kernel: x86/fpu: Supporting XSAVE feature 0x004: 'AVX regis
5月 01 05:18:37 vm kernel: x86/fpu: Supporting XSAVE feature 0x008: 'MPX bounc
5月 01 05:18:37 vm kernel: x86/fpu: Supporting XSAVE feature 0x010: 'MPX CSR'
```

图 14.26　开机到查看日志时的日志

执行命令 sudo journalctl -b -1，可查看上一次开机到关机的日志，如图 14.27 所示。

```
-- Logs begin at Tue 2020-04-14 16:55:05 CST, end at Fri 2020-05-01 05:25:48 CST.
4月 26 09:26:34 vm kernel: Linux version 4.19.0-6-amd64 (debian-kernel@lists.debi
4月 26 09:26:34 vm kernel: Command line: BOOT_IMAGE=/vmlinuz-4.19.0-6-amd64 root=U
4月 26 09:26:34 vm kernel: Disabled fast string operations
4月 26 09:26:34 vm kernel: x86/fpu: Supporting XSAVE feature 0x001: 'x87 floating
4月 26 09:26:34 vm kernel: x86/fpu: Supporting XSAVE feature 0x002: 'SSE register
4月 26 09:26:34 vm kernel: x86/fpu: Supporting XSAVE feature 0x004: 'AVX register
4月 26 09:26:34 vm kernel: x86/fpu: Supporting XSAVE feature 0x008: 'MPX bounds r
4月 26 09:26:34 vm kernel: x86/fpu: Supporting XSAVE feature 0x010: 'MPX CSR'
4月 26 09:26:34 vm kernel: x86/fpu: xstate_offset[2]:  576, xstate_sizes[2]:  256
4月 26 09:26:34 vm kernel: x86/fpu: xstate_offset[3]:  832, xstate_sizes[3]:   64
4月 26 09:26:34 vm kernel: x86/fpu: xstate_offset[4]:  896, xstate_sizes[4]:   64
4月 26 09:26:34 vm kernel: x86/fpu: Enabled xstate features 0x1f, context size is
```

图 14.27　上一次开机到关机的日志

上述参数还可以组合使用，如执行命令 sudo journalctl -b -1 -k -p err 可查看上一次开机到关机的日志，并筛选出内核出错的日志，如图 14.28 所示。

```
ldj@vm:~$ sudo journalctl -b -1 -k -p err
-- Logs begin at Tue 2020-04-14 16:55:05 CST, end at Fri 2020-05-01 05:26:42 CST. --
4月 26 09:26:35 vm kernel: piix4_smbus 0000:00:07.3: SMBus Host Controller not enabled!
4月 26 09:26:35 vm kernel: sd 32:0:0:0: [sda] Assuming drive cache: write through
```

图 14.28　组合使用参数

还可以查看自某个时间点以来的日志，如执行命令 sudo journalctl --since "2020-04-20 16:20"，即可查看自该时间点到查看日志时的日志，如图 14.29 所示。

```
-- Logs begin at Tue 2020-04-14 16:55:05 CST, end at Fri 2020-05-01 05:28:37 CST. -
4月 20 16:20:01 vm systemd[1]: Starting Laptop Mode Tools - Battery Polling Service
4月 20 16:20:01 vm systemd[1]: lmt-poll.service: Succeeded.
4月 20 16:20:01 vm systemd[1]: Started Laptop Mode Tools - Battery Polling Service.
4月 20 16:20:01 vm systemd[1]: Reloading Laptop Mode Tools.
4月 20 16:20:01 vm laptop_mode[7341]: Laptop mode
4月 20 16:20:01 vm laptop_mode[7341]: enabled, not active [unchanged]
4月 20 16:20:01 vm systemd[1]: Reloaded Laptop Mode Tools.
```

图 14.29　指定时间点到查看日志时的日志

执行命令 sudo journalctl --since "2020-04-20 16:30" --until "2020-04-20 16:40"，可查看指定时间段的日志，如图 14.30 所示。

```
-- Logs begin at Tue 2020-04-14 16:55:05 CST, end at Fri 2020-05-01 05:30:45 CST. --
4月 20 16:30:01 vm CRON[7527]: pam_unix(cron:session): session opened for user root by (uid
4月 20 16:30:01 vm CRON[7528]: (root) CMD ([ -x /etc/init.d/anacron ] && if [ ! -d /run/sys
4月 20 16:30:01 vm CRON[7527]: pam_unix(cron:session): session closed for user root
4月 20 16:30:08 vm kernel: [hook_socket_create] family: 2, type: 2, protocol: 0, pid: 3844
4月 20 16:30:08 vm kernel: target-to-be-verified: 91-1991931347-3844
4月 20 16:30:08 vm kernel: [hook_socket_create] family: 2, type: 2, protocol: 0, pid: 3844.
4月 20 16:30:08 vm kernel: [hook_socket_create] family: 2, type: 2, protocol: 0, pid: 3844
4月 20 16:30:08 vm kernel: target-to-be-verified: 91-1475186641-3844
```

图 14.30　指定时间段的日志

除了查看指定时间段的日志外还可以查看指定服务的日志，如查看 NGINX 服务的日志，执行命令 sudo journalctl -u nginx 即可，如图 14.31 所示。

```
ldj@vm:~$ sudo journalctl -u nginx
-- Logs begin at Tue 2020-04-14 16:55:05 CST, end at Fri 2020-05-01 05:32:08 CST. --
4月 21 09:18:21 vm systemd[1]: Starting A high performance web server and a reverse proxy server
4月 21 09:18:21 vm systemd[1]: Started A high performance web server and a reverse proxy server.
4月 21 09:45:18 vm systemd[1]: Stopping A high performance web server and a reverse proxy server.
4月 21 09:45:19 vm systemd[1]: nginx.service: Succeeded.
4月 21 09:45:19 vm systemd[1]: Stopped A high performance web server and a reverse proxy server.
```

图 14.31　指定服务日志

查看完日志后可执行命令 sudo journalctl > ~/rizhi.txt，导出所有日志为 rizhi.txt 并保存到磁盘上。

如果发现只能显示本次启动的日志，而不能显示上一次启动的日志，可能是因为日志没有存储在磁盘上，可以执行如下命令来开启日志的磁盘存储功能。

```
sudo mkdir /var/log/journal
sudo chown root:systemd-journal /var/log/journal
sudo chmod 2775 /var/log/journal
sudo systemctl restart systemd-journald.service
```

### 14.4.5 主机信息管理

执行命令 hostnamectl，可查询主机信息，如图 14.32 所示。

执行命令 sudo hostnamectl set-hostname UOS 可设置主机名称，如图 14.33 所示。

```
ldj@vm:~$ hostnamectl
    Static hostname: vm
          Icon name: computer-vm
            Chassis: vm
         Machine ID: 2443260c46ae4ef4ac71e729ced5f157
            Boot ID: 6b7a07bea04f46fcbae3516cb6aacb39
     Virtualization: vmware
   Operating System: uos 20
             Kernel: Linux 4.19.0-6-amd64
       Architecture: x86-64
```

图 14.32　主机信息

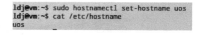

图 14.33　设置主机名称

### 14.4.6 系统语言管理

执行命令 `localectl` 可查询系统语言设置，如图 14.34 所示。执行命令 `Sudo localectl set-locale LANG=zh_CN.utf8` 可设置系统语言为中文，执行命令 `sudo localectl set-keymap zh_CN` 可设置系统键盘布局为中文。

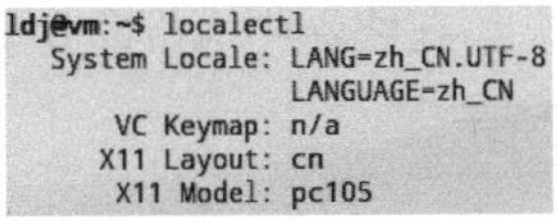

```
ldj@vm:~$ localectl
   System Locale: LANG=zh_CN.UTF-8
                  LANGUAGE=zh_CN
      VC Keymap: n/a
     X11 Layout: cn
      X11 Model: pc105
```

图 14.34　系统语言设置

### 14.4.7 时区管理

执行命令 `timedatectl` 可查看系统时区，如图 14.35 所示。

执行命令 `timedatectl list-timezones`，可显示所有可用时区；执行命令 `sudo timedatectl set-ntp false`，可关闭网络同步时间服务；执行命令 `sudo timedatectl set-timezone America/New_York`，可设置系统时区。

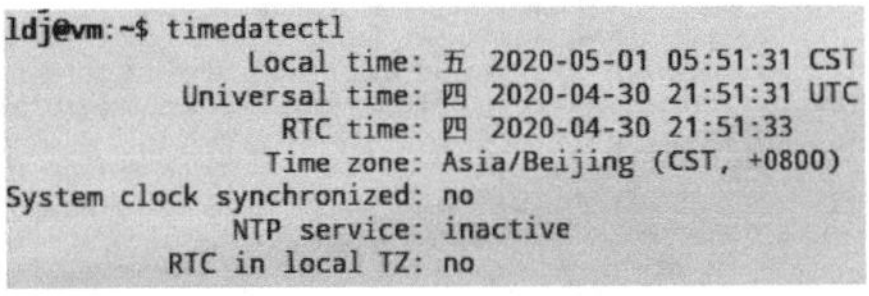

```
ldj@vm:~$ timedatectl
               Local time: 五 2020-05-01 05:51:31 CST
           Universal time: 四 2020-04-30 21:51:31 UTC
                 RTC time: 四 2020-04-30 21:51:33
                Time zone: Asia/Beijing (CST, +0800)
System clock synchronized: no
              NTP service: inactive
          RTC in local TZ: no
```

图 14.35　系统时区

当需要手动更改系统本地时间时，需要先手动关闭网络同步时间服务。关闭网络同步时间服务后，以设置系统时间为 2020 年 5 月 1 日 11：18：50 为例，介绍如何使用 timedatectl 设置系统时间，命令如下。

执行命令 `sudo timedatectl set-time 2020-05-01`，设置系统日期。

执行命令 `sudo timedatectl set-time 11:18:50`，设置系统时间。

### 14.4.8 登录管理

当某个用户登录操作系统后，systemd 会在内存开辟一块区域，叫作 session，里面存放着这个用户登录后运行的进程。当用户注销后，session 会被删除，内存会被回收。执行命令 `loginctl list-sessions`，列出当前 session，如图 14.36 所示。

systemd 允许同一用户在不同终端同时登录，但每次登录都会生成新的 session，一个 session 的崩溃或注销不会影响到另外一个 session，session 之间有一定的隔离性。

执行命令 `loginctl list-users`，即可列出当前登录用户，如图 14.37 所示。

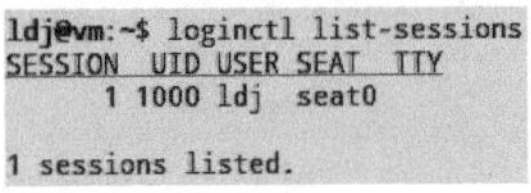

```
ldj@vm:~$ loginctl list-sessions
SESSION  UID USER SEAT  TTY
      1 1000 ldj  seat0

1 sessions listed.
```

图 14.36　session

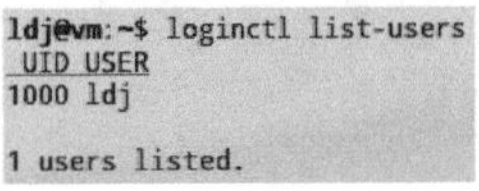

```
ldj@vm:~$ loginctl list-users
 UID USER
1000 ldj

1 users listed.
```

图 14.37　当前登录用户

## 14.5 系统错误排查

当系统没能按照预期运行，出现应用程序无响应、卡顿或者崩溃的现象时，可以通过查看系统的各种日志来定位问题所在，然后通过修改代码或者修改配置等方法来解决问题。

### 14.5.1 使用 journalctl 查看内核和应用错误

在终端中执行命令 `sudo journalctl`，然后输入斜杠【 / 】进入搜索模式，如图 14.38 所示。

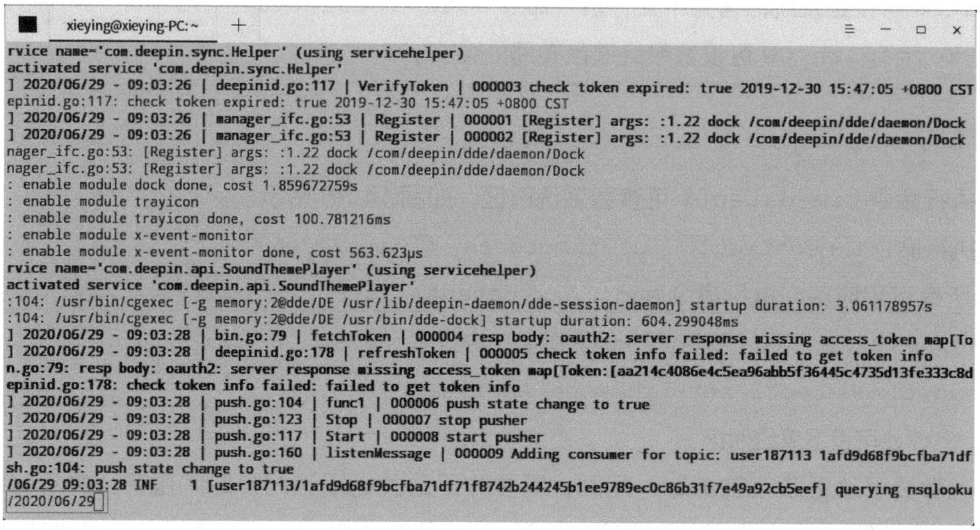

图 14.38　搜索模式

输入关键词查找内核和应用错误的详细信息，并按【 Enter 】键进行搜索。按【 PageUp 】键和【 PageDown 】键进行翻页，或按【 N 】键搜索下一个匹配，如图 14.39 所示。

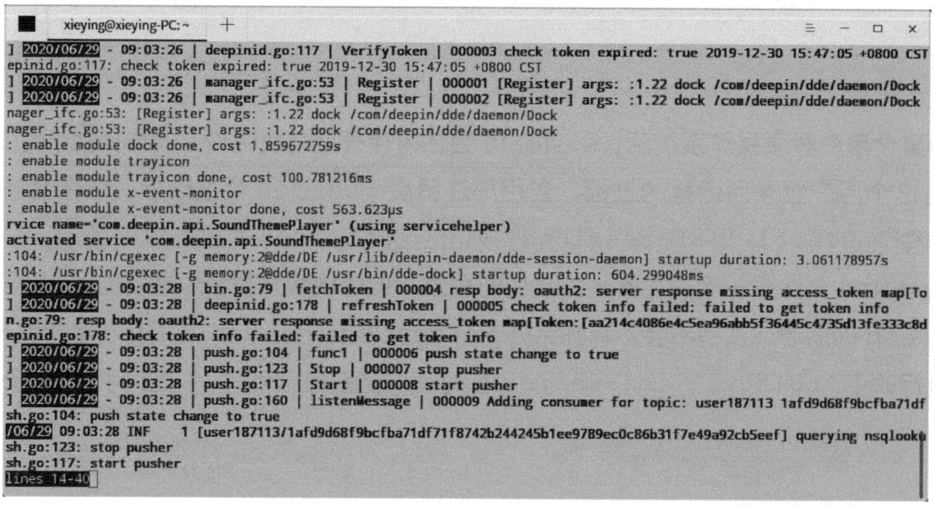

图 14.39　错误的详细信息

### 14.5.2 使用 coredumpctl 查看应用崩溃错误

在终端中执行命令 `sudo apt install systemd-coredump` 安装 systemd-coredump 工具。当程序崩溃时，可能会产生 core 文件（一般用来调试代码 bug），然后被 systemd-coredump 工具捕获，这样可以很方便地使用 `coredumpctl` 命令查看应用崩溃的信息。

执行命令 `sudo coredumpctl list` 可查看崩溃的进程列表，其中包含崩溃进程的

PID 值（进程 ID，各进程的身份标识），如图 14.40 所示。

```
ldj@vm:~/workspace/sl/sl-5.02$ sudo coredumpctl list
TIME                        PID    UID   GID SIG COREFILE EXE
Mon 2020-06-08 15:36:40 CST 10756  1000  1000  11 present /home/ldj/workspace/sl/sl-5.02/sl
Mon 2020-06-08 15:42:13 CST 10914  1000  1000  11 present /home/ldj/workspace/sl/sl-5.02/sl
```

图 14.40　崩溃的进程列表

执行命令 `sudo coredumpctl info 10914`，可查看某个崩溃进程的详细信息，其中 10914 指的是该崩溃进程的 PID 值，如图 14.41 所示。

```
ldj@vm:~/workspace/sl/sl-5.02$ sudo coredumpctl info 10914
          PID: 10914 (sl)
          UID: 1000 (ldj)
          GID: 1000 (ldj)
       Signal: 11 (SEGV)
    Timestamp: Mon 2020-06-08 15:42:13 CST (3min 42s ago)
 Command Line: ./sl asd
   Executable: /home/ldj/workspace/sl/sl-5.02/sl
Control Group: /user.slice/user-1000.slice/session-1.scope
         Unit: session-1.scope
        Slice: user-1000.slice
      Session: 1
    Owner UID: 1000 (ldj)
      Boot ID: dcfb2371839840338439d74200508f0f
   Machine ID: 2443260c46ae4ef4ac71e729ced5f157
     Hostname: vm
      Storage: /var/lib/systemd/coredump/core.sl.1000.dcfb2371839840338439d74200508f0f.10914.15916021330
      Message: Process 10914 (sl) of user 1000 dumped core.

               Stack trace of thread 10914:
               #0  0x0000000000401866 n/a (/home/ldj/workspace/sl/sl-5.02/sl)
lines 1-20/20 (END)
```

图 14.41　查看某个崩溃进程的详细信息

想进一步了解崩溃原因，可以进行调试。在终端中执行命令 `sudo coredumpctl debug 10914`，系统默认调用 GDB 进行调试，可以使用 bt 命令查看堆栈信息，确定应用崩溃的原因，如图 14.42 所示。

```
For help, type "help".
Type "apropos word" to search for commands related to "word"...
Reading symbols from /home/ldj/workspace/sl/sl-5.02/sl...done.
[New LWP 10914]
Core was generated by `./sl asd'.
Program terminated with signal SIGSEGV, Segmentation fault.
#0  main (argc=<optimized out>, argv=0x0) at sl.c:88
88                      if (*argv[i] == '-') {
(gdb) l
83      int main(int argc, char *argv[])
84      {
85          int x, i;
86          argv = NULL;
87          for (i = 1; i < argc; ++i) {
88              if (*argv[i] == '-') {
89                  option(argv[i] + 1);
90              }
91          }
92          initscr();
(gdb) bt
#0  main (argc=<optimized out>, argv=0x0) at sl.c:88
(gdb)
```

图 14.42　确定应用崩溃的原因

### 14.5.3 查看系统日志和内核日志

在 systemd-journal 之前，Linux 系统上一般是使用 rsyslog 来记录系统日志和内核日志。日志一般放在 /var/log/messages 目录下，可以使用 cat、less 或 tail 去读取日志。

执行命令 `sudo less /var/log/messages`，可查看所有日志，如图 14.43 所示。

执行命令 `sudo less /var/log/syslog`，可查看系统日志，如图 14.44 所示。

执行命令 `sudo less /var/log/kern.log`，可查看内核日志，如图 14.45 所示。

执行命令 `sudo less /var/log/boot.log`，可查看启动日志，如图 14.46 所示。

```
Apr 26 09:26:43 vm rsyslogd: [origin software="rsyslog" swVersion="8.1901.0
" x-pid="728" x-info="https://www.rsyslog.com"] rsyslogd was HUPed
Apr 26 09:26:43 vm org.kde.kglobalaccel[1614]: qt.qpa.xcb: QXcbConnection: XC
B error: 5 (BadAtom), sequence: 755, resource id: 0, major code: 20 (GetPrope
rty), minor code: 0
Apr 26 09:26:43 vm com.deepin.wm[1614]: No appenders assotiated with category
 qt.qpa.xcb
Apr 26 09:26:43 vm com.deepin.wm[1614]: [Warning] <> QXcbConnection: XCB erro
r: 5 (BadAtom), sequence: 598, resource id: 0, major code: 20 (GetProperty),
minor code: 0
Apr 26 09:26:43 vm kernel: [   15.233472] [hook_socket_create] family: 2, typ
e: 2, protocol: 0, pid: 1781
Apr 26 09:26:43 vm kernel: [   15.233474] target-to-be-verified: 91-212198182
8-1781
Apr 26 09:26:43 vm kernel: [   15.233573] [hook_socket_create] family: 2, typ
e: 2, protocol: 0, pid: 1781. [Verify Success]
Apr 26 09:26:43 vm kernel: [   15.233595] [hook_socket_create] family: 2, typ
e: 2, protocol: 0, pid: 1781
Apr 26 09:26:43 vm kernel: [   15.233596] target-to-be-verified: 91-167394513
9-1781
/var/log/messages
```

图 14.43　所有日志

```
May  1 00:00:00 uos rsyslogd: [origin software="rsyslogd" swVersion="8.1901.
0" x-pid="728" x-info="https://www.rsyslog.com"] rsyslogd was HUPed
May  1 00:00:00 uos systemd[1]: logrotate.service: Main process exited, code=
exited, status=1/FAILURE
May  1 00:00:00 uos systemd[1]: logrotate.service: Failed with result 'exit-c
ode'.
May  1 00:00:00 uos systemd[1]: Failed to start Rotate log files.
May  1 00:00:00 uos systemd[1]: man-db.service: Succeeded.
May  1 00:00:00 uos systemd[1]: Started Daily man-db regeneration.
May  1 00:00:00 uos systemd[1]: apt-daily.service: Succeeded.
May  1 00:00:00 uos systemd[1]: Started Daily apt download activities.
May  1 00:00:00 uos systemd[1]: Starting Daily apt upgrade and clean activiti
es...
May  1 00:00:01 uos systemd[1]: apt-daily-upgrade.service: Succeeded.
May  1 00:00:01 uos systemd[1]: Started Daily apt upgrade and clean activitie
s.
May  1 00:00:01 uos kernel: [ 6534.559640] [hook_socket_create] family: 2, ty
pe: 2, protocol: 0, pid: 1426
May  1 00:00:01 uos kernel: [ 6534.559645] target-to-be-verified: 91-20787232
49-1426
/var/log/syslog
```

图 14.44　系统日志

```
Apr 26 09:26:43 vm kernel: [   15.233472] [hook_socket_create] family: 2, typ
e: 2, protocol: 0, pid: 1781
Apr 26 09:26:43 vm kernel: [   15.233474] target-to-be-verified: 91-212198182
8-1781
Apr 26 09:26:43 vm kernel: [   15.233573] [hook_socket_create] family: 2, typ
e: 2, protocol: 0, pid: 1781. [Verify Success]
Apr 26 09:26:43 vm kernel: [   15.233595] [hook_socket_create] family: 2, typ
e: 2, protocol: 0, pid: 1781
Apr 26 09:26:43 vm kernel: [   15.233596] target-to-be-verified: 91-167394513
9-1781
Apr 26 09:26:43 vm kernel: [   15.233692] [hook_socket_create] family: 2, typ
e: 2, protocol: 0, pid: 1781. [Verify Success]
Apr 26 09:26:43 vm kernel: [   15.233728] [hook_socket_create] family: 2, typ
e: 2, protocol: 0, pid: 1781
Apr 26 09:26:43 vm kernel: [   15.233729] target-to-be-verified: 91-155431930
5-1781
Apr 26 09:26:43 vm kernel: [   15.233786] [hook_socket_create] family: 2, typ
e: 2, protocol: 0, pid: 1781. [Verify Success]
Apr 26 09:26:43 vm kernel: [   15.333219] [hook_socket_create] family: 2, typ
e: 2, protocol: 0, pid: 1426
/var/log/kern.log
```

图 14.45　内核日志

```
Roota: clean, 189916/983040 files, 1484520/3932160 blocks
        Starting ESC[0;1;39mShow Plymouth Boot ScreenESC[0m...
[ESC[0;32m  OK  ESC[0m] Started ESC[0;1;39mShow Plymouth Boot ScreenESC[0m.
[ESC[0;32m  OK  ESC[0m] Started ESC[0;1;39mFlush Journal to Persistent Storag
eESC[0m.
        Starting ESC[0;1;39mCreate Volatile Files and DirectoriesESC[0m...
[ESC[0;32m  OK  ESC[0m] Started ESC[0;1;39mCreate Volatile Files and Director
iesESC[0m.
[ESC[0;32m  OK  ESC[0m] Started ESC[0;1;39mAuthentication service for virtual
 machines hosted on VMwareESC[0m.
        Starting ESC[0;1;39mService for virtual machines hosted on VMwareESC
[0m...
        Starting ESC[0;1;39mUpdate UTMP about System Boot/ShutdownESC[0m...
[ESC[0;32m  OK  ESC[0m] Started ESC[0;1;39mService for virtual machines hoste
d on VMwareESC[0m.
[ESC[0;32m  OK  ESC[0m] Started ESC[0;1;39mUpdate UTMP about System Boot/Shut
downESC[0m.
[ESC[0;32m  OK  ESC[0m] Reached target ESC[0;1;39mSystem InitializationESC[0m
[ESC[0;32m  OK  ESC[0m] Started ESC[0;1;39mRuns Laptop Mode Tools - Polling S
/var/log/boot.log
```

图 14.46　启动日志

执行命令 sudo less/var/log/user.log，可查看用户日志，如图 14.47 所示。

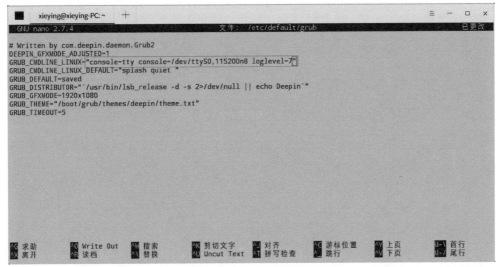

图 14.47　用户日志

### 14.5.4　查看桌面日志

在系统运行的过程中，有时候会遇到桌面崩溃、进程退出、桌面黑屏等情况，可以执行命令 sudo less /var/log/Xorg.0.log 查看桌面日志来定位问题。

### 14.5.5　查看串口日志

有些问题，如磁盘损坏、内核崩溃、固件问题等，通过上文的方式均无法定位问题，需要以更加底层的方式去获取日志，此时就需要通过串口去获取固件、内核以及操作系统的日志，操作步骤如下。

**01** 准备一台有故障、需要被调试的机器，简称故障机。准备一台正常的、用于监控故障机的机器，简称观测机。准备一根 USB 转串口线，其中 USB 端连接观测机，串口端连接故障机。

**02** 在故障机终端执行命令 sudo nano /etc/default/grub，在 GRUB_CMDLINE_LINUX 处添加参数 "console=tty console=/dev/ttyS0,115200n8 loglevel=7"，给 grub 添加参数，以便内核输出详细信息，如图 14.48 所示。

图 14.48　给 grub 添加参数

**03** 执 行 命 令 sudo update-grub 或 sudo grub-mkconfig -o /boot/grub/ grub.cfg 可以更新 grub 参数。

**04** 在观测机上安装 USB 转串口的驱动程序，如果是免驱动程序的，就跳过这一步；如果不是免驱动程序的，则需要去 USB 转串口线的官网下载驱动程序，或使用驱动程序源码来编译安装。

**05** 在观测机终端执行命令 sudo apt install minicom，安装串口通信工具 minicom。

**06** 配置 minicom

◇ 执行命令 sudo minicon -s 启动 minicom，按【↓】键选择 Serial port setup，如图 14.49 所示。

◇ 进入 Serial port setup 设置界面，按【A】键设置 Serial Device 为 "/dev/ ttyUSB0"，按【E】键设置 Bps/Par/Bits 为 "115200 8N1"，如图 14.50 所示。

◇ 选择 Save as dfl 选项将修改后的配置信息保存为默认的配置选项。

◇ 选择 Exit from Minicom 选项从配置菜单返回到命令行。

图 14.49　选择 Serial port setup

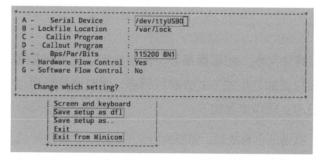

图 14.50　配置 minicom

**07** 完成设置后，在观测机终端输入 minicom 重新启动 minicom。

**08** 重启故障机后，在观测机上可以看到故障机的固件信息、内核信息，以及 systemd 信息。

# 第 **15** 章

# 使用 Windows 软件

统信 UOS 的 Wine 开发团队一直致力于 Windows 软件的迁移工作，
既为了使统信 UOS 更加友好地运行 Windows 软件，也为了使统信
UOS 更能满足用户的使用需求。

# 15.1 Wine 介绍

Wine 是"wine Is Not an Emulator"的首字母缩写，它是一个能够在多种 POSIX 兼容操作系统（如 Linux、mac OS 以及 BSD 等操作系统）上运行 Windows 应用程序的兼容层，是一个开源软件。Wine 不像虚拟机软件一样模拟整个 Windows 操作系统，而是把 Windows API 调用动态转换成本机的 POSIX 调用。相对虚拟机方式来说，Wine 消耗的内存大大减少，性能与在 Windows 操作系统上运行几乎一样，Wine 的标识如图 15.1 所示。

图 15.1　Wine 标识

### 15.1.1 Wine 的历史和现状

Wine 项目最早由 Bob Amstadt 于 1993 年发起，旨在寻求一种在 Linux 上运行 Windows 3.1 应用程序的办法。他一个人实现了运行 Windows 程序的关键代码。不久之后，Alexandre Julliard 开始参与 Wine 的开发。1994 年起，Alexandre Julliard 承担起 Wine 的维护责任，并一直领导和管理 Wine 项目至今。

Wine 的代码大约有一半由志愿者编写，其余部分由多家商业公司赞助，如 CodeWeavers、Corel、Google 以及 Macadamian，其中 CodeWeavers 是 Wine 的商业支持版本 CrossOver 的开发公司，同时负责 Wine 社区的维护。

截至本书编写时，Wine 的最新稳定版本是 5.0，该版本累计 C 代码超过 500 万行，全世界累计参与贡献的开发人员超过 2000 人，其中不乏优秀的中国开发人员。

### 15.1.2 Wine 的重要意义

Wine 的存在使用户的选择更加多样化，用户不再局限于 Windows 操作系统，也可以在 Linux 操作系统上使用 Windows 应用程序。这大大地降低了用户切换到 Linux 操作系统的难度，有利于增加 Linux 在桌面领域的市场份额，促使更多软件开发商开发 Linux 版本的软件。

现在 Wine 不仅可以运行微软办公软件、QuickTime 以及 Windows Media Player 等多媒体应用程序，甚至还可以运行 Max Payne、Unreal Tournament 3 等大型游戏。给予软件一定的迁移时间，几乎任何复杂的软件都可以在 Wine 里面良好地运行。

与 Windows 相比，Wine 具有以下优势。

- Wine 是一个开源软件，可以按照需要扩展，同时对困扰 Windows 操作系统的许多病毒免疫，出现 0-Day 安全漏洞（零日漏洞，又叫零时差攻击，是指被发现后立即被恶意利用的安全漏洞）的可能性会非常低。

- 能够利用 Linux/UNIX 操作系统的所有优点，如稳定性、灵活性、远程管理等。

- 可以充分利用 Linux/UNIX 环境，在 Linux/UNIX 的 Shell 脚本里面调用 Windows 软件。

- 使用瘦客户端更加经济实惠，只需在 Linux 服务器上安装 Wine，就可以在任何 X

终端（X terminal，一般为无磁盘的计算机）里面访问这些应用程序。

- 通过 VNC（Virtual Network Console，一款优秀的远程控制软件）及其 Java/HTML5 客户端，可以在浏览器里面使用 Windows 应用程序。

### 15.1.3 deepin-wine 介绍

deepin-wine 是统信 UOS 自带的 Wine，是由统信 UOS 的 Wine 开发团队为迁移国产软件而研发的 Wine 的一个分支。

统信 UOS 的 Wine 开发团队始终以国内用户需求为主导，不仅努力解决了很多关键性难题，还先后迁移了 TIM、QQ、微信、企业微信、钉钉、迅雷、Foxmail、百度网盘、招行网银 7.0 以及 RTX 2015（腾讯公司推出的企业级实时通信平台）等拥有海量用户的国产软件到统信 UOS 中，使统信 UOS 更加满足大多数国内用户的日常使用需求。同时，统信 UOS 的 Wine 开发团队紧跟 Wine 社区步伐，向 Wine 上游提交的补丁超过 40 个，被合并到主干代码的补丁超过 20 个。

## 15.2 安装 Windows 软件

在统信 UOS 中可以通过应用商店、终端命令行以及 Winetricks 工具安装 Windows 软件。

### 15.2.1 通过应用商店安装 QQ 和微信

deepin-wine 开发团队已经基于 deepin-wine 迁移了常用软件，包括 QQ、微信等，做成了单独的应用包，用户可以通过统信 UOS 应用商店进行一键下载和安装。安装方法与安装其他应用的方法一致，详细操作步骤可参见 8.1.4 小节。

安装完成后，应用会自动添加到统信 UOS 启动器中，用户可以直接从启动器中启动程序。

> **说明** 名称中带有 Wine 标识的应用是为了与腾讯的 Linux 原生版应用相区别。首次启动带 Wine 标识的应用时，会有一个初始化的过程，需要等待一段时间。

### 15.2.2 通过终端命令行安装

除了通过应用商店安装 Windows 软件外，统信 UOS 也支持通过终端命令行安装 Windows 软件。本小节以安装 TIM 为例详细介绍如何通过终端命令行安装 Windows 软件。

在统信 UOS 上，TIM 的安装包名为 com.qq.office.deepin，打开终端，输入命令 `sudo apt install com.qq.office.deepin`，并按【Enter】键执行，如图 15.2 所示。等应用安装完成后，即可通过启动器启动 TIM。

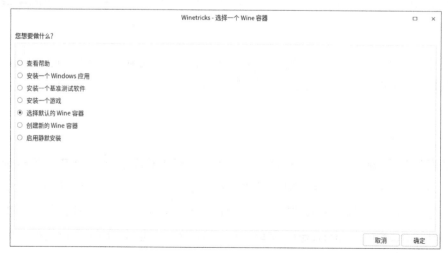

图 15.2　通过终端命令行安装 TIM

## 15.2.3 通过 Winetricks 安装

如果对 Wine 感兴趣并想更进一步地进行探索，可以使用 Winetricks 来个性化地安装 Windows 软件，尽情发挥个人创意，充分释放 Wine 的活力。

Winetricks 是一个开源辅助工具，deepin-wine 开发团队对 Winetricks 作了些许修改，使其能够给统信 UOS 提供更多、更好的支持。

**01** 在终端中执行如下命令，下载 deepin-wine 开发团队修改过的 Winetricks。

```
sudo wget -O /usr/bin/winetricks https://gitee.com/wayne-xw/winetricks_for_
deepinwine/raw/master/src/winetricks
```

**02** 在终端中执行如下命令，添加可执行权限。

```
chmod +x /usr/bin/winetricks
```

**03** 在终端中执行如下命令，运行 Winetricks。

```
winetricks
```

Winetricks 的主界面如图 15.3 所示。

图 15.3　Winetricks 主界面

> **说明** 如果没有设置 WINEPREFIX 环境变量来指定容器目录运行 Winetricks，则容器的运行目录是用户主目录下的 .wine 目录，该目录在文件管理器里面默认是隐藏的。

这里以安装游戏为例，详细介绍如何使用 Winetricks 安装 Windows 软件，操作步骤如下。

**01** 在图 15.3 所示的主界面，选中【安装一个游戏】，单击【确定】按钮后，进入支持的游戏列表界面，如图 15.4 所示。

| Winetricks - 当前容器路径是 "/home/zzp/.wine" | | | | | |
|---|---|---|---|---|---|
| 您想要安装什么应用程序？ | | | | | |
| 包名 | 软件名 | 发行商 | 发行年 | 维介 | 状 |
| ☐ acreedbro | Assassin's Creed Brotherhood | Ubisoft | 2011 | dvd | |
| ☑ algodoo_demo | Algodoo Demo | Algoryx | 2009 | download | |
| ☐ alienswarm_steam | Alien Swarm (Steam) | Valve | 2010 | download | |
| ☐ amnesia_tdd_demo | Amnesia: The Dark Descent Demo | Frictional Games | 2010 | manual_download | |
| ☐ aoe3_demo | Age of Empires III Trial | Microsoft | 2005 | download | |
| ☐ avatar_demo | James Camerons Avatar: The Game Demo | Ubisoft | 2009 | manual_download | |
| ☐ bfbc2 | Battlefield Bad Company 2 | EA | 2010 | dvd | |
| ☐ bioshock2 | Bioshock 2 | 2K Games | 2010 | dvd | |
| ☐ bioshock2_steam | Bioshock 2 (Steam) | 2k | 2010 | download | |
| ☐ bioshock_demo | Bioshock Demo | 2K Games | 2007 | download | |
| ☐ blobby_volley | Blobby Volley | Daniel Skoraszewsky | 2000 | manual_download | |
| ☐ borderlands_steam | Borderlands (Steam, non-free) | 2K Games | 2009 | download | |
| ☐ bttf101 | Back to the Future Episode 1 | Telltale | 2011 | manual_download | |
| ☐ cim_demo | Cities In Motion Demo | Paradox Interactive | 2010 | manual_download | |
| | | | | 取消 | 确定 |

图 15.4　Winetricks 游戏列表

**02** 这里以安装游戏 Algodoo 为例，勾选 "algodoo_demo"，单击【确定】按钮后，可以在终端看到下载进度，如图 15.5 所示。

图 15.5　Winetricks 下载进度

下载完成后会自动弹出安装对话框，按照向导逐步进行安装即可完成，安装后 Algodoo 游戏界面如图 15.6 所示。

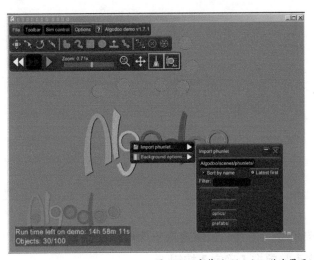

图 15.6　安装后 Algodoo 游戏界面

通过在终端执行 cd~/.wine/drive_c/Program Files 命令进入容器的【Program Files】目录，然后执行 ls 命令，即可看到软件已安装，其中 /home/zzp 是笔者的家目录名称，.wine 是默认的容器名称，如图 15.7 所示。

图 15.7　Algodoo 所在的容器安装目录

在终端中继续执行 cd Algodoo 命令，进入 Algodoo 目录，执行 deepin-wine Algodoo.exe 命令，即可启动 Algodoo。

# 15.3　卸载 Windows 软件

在统信 UOS 可以通过启动器、Winetricks 工具卸载 Windows 软件。

### 15.3.1　通过启动器卸载

与卸载系统的其他应用一样，deepin-wine 迁移的应用也可以通过启动器右键菜单进行卸载，具体操作步骤参见 8.1.6 小节。

### 15.3.2　通过 Winetricks 卸载

使用 Winetricks 卸载应用的具体操作步骤如下。

**01** 打开终端，执行如下命令，运行 Winetricks。

```
winetricks
```

**02** 在 Winetricks 主界面选择【选择默认的 Wine 容器】，如图 15.8 所示。

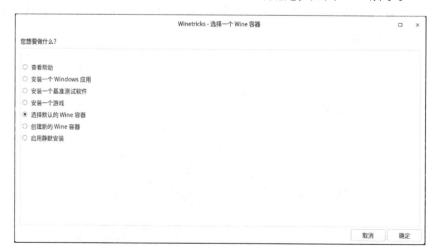

图 15.8　Winetricks 主界面

**03** 单击【确定】按钮后，在管理当前容器界面可以看到很多功能选项，如图 15.9 所示，选择【运行卸载程序】并单击【确定】按钮。

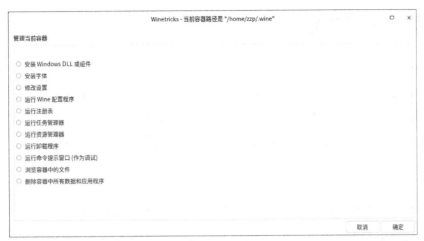

图 15.9　Winetricks 容器管理

**04** 弹出添加 / 删除程序界面，如图 15.10 所示，在应用程序列表中选中要卸载的应用程序名称，单击【删除】按钮。

**05** 弹出是否卸载目标程序的对话框，如图 15.11 所示。

图 15.10　添加 / 删除程序界面

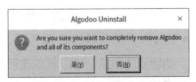

图 15.11　是否卸载目标程序对话框

> **提示**　不同的应用程序弹出的对话框内容不同。

**06** 单击【是】按钮，执行卸载，卸载完成后，弹出完成卸载提示对话框，如图 15.12 所示。

有时候通过【运行卸载程序】可能无法删除程序，此时可以在管理当前容器界面选择【删除容器中所有数据和应用程序】，即可直接删除所有软件数据和应用程序。除此之外，还可以从终端进入容器的应用安装目录，手动删除该应用程序目录，完成应用程序的卸载。

图 15.12　完成卸载提示对话框

# 15.4 Wine 容器设置

当 Wine 启动一个 Windows 应用时，实际上是先在本机系统中模拟了一个独立的 Windows 运行环境，这个运行环境被称为 Wine 容器。在不同容器中运行的 Windows 应用相互隔离，互不影响，安全性较高。本节主要介绍容器目录结构、使用 Winecfg 设置容器，以及如何通过设置容器来解决迁移 Windows 应用缺失字体的问题。

## 15.4.1 容器目录结构

本小节主要介绍 Wine 容器默认的目录结构和如何指定容器目录。

指定容器目录是为了将每个应用运行的环境隔离，避免相互影响，提高稳定性。容器目录通过 WINEPREFIX 环境变量来指定，在没有指定的情况下默认为 ~/.wine 目录。

如 WINEPREFIX=~/.deepinwine/Deepin-QQ deepin-wine winecfg 是指定在 ~/.deepinwine/Deepin-QQ 容器目录运行 Winecfg 的程序。

打开终端，执行命令 deepin-wine winecfg，进入容器设置界面，此时容器目录默认为当前用户主目录下的 .wine 目录，其基本的目录结构如图 15.13 所示，详细介绍如下。

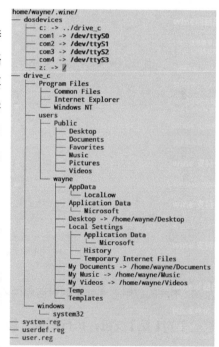

图 15.13　Wine 容器目录结构

- dosdevices：指定某些软链接文件（一类特殊的文件，包含有一条以绝对路径或者相对路径的形式指向其他文件或者目录的引用），主要指定容器 C 盘在本机系统对应的目录位置。需要特别注意，在图 15.10 中还指定了 Z 盘，即系统的根目录，这样在容器中运行的 Windows 应用就能通过 Z 盘访问到系统中的所有文件。

- drive_c：容器的 C 盘目录，在 Wine 运行时自动创建的目录，可以看到该目录结构与 Windows 系统盘目录结构一样。

- Windows：该目录存放系统文件，最重要的就是 system32 目录，存放系统最基本的动态库和一些执行文件。

- Program Files：该目录存放安装的软件。一般情况下，软件默认都是安装在这个位置。

- users：该目录存放用户的数据，除此之外还有一些软链接指向当前用户主目录下的文档、图片、下载目录，使得 Windows 应用可以把用户数据存放到当前用户的主目录下，从而保证 Wine 容器目录被删除之后用户数据还在。

## 15.4.2 使用 Winecfg 设置容器

Winecfg 的功能与控制中心类似，可以通过图形化应用程序 Winecfg 来设置 Wine 容器。

### 1. 应用程序设置

对于不同的应用，可以让 Wine"假装"成不同版本的 Windows。在终端中输入并执行 deepin-wine winecfg 命令，进入 Winecfg 的 Wine 设置对话框，在应用程序选项卡下可配置 Windows 应用运行的 Windows 操作系统版本，如图 15.14 所示。

默认设置表示设置的 Windows 版本对容器中所有的应用程序均有效，也可以为应用程序指定 Windows 操作系统版本。启动 Winecfg 后，选择应用程序选项卡，单击【增加程序设置】按钮，在容器中选择应用程序文件或直接输入应用程序文件名（如 test.exe），然后在 Windows 版本下拉列表框中选择对应的 Windows 版本，如设置 test.exe 程序运行在 Windows 10 操作系统。

### 2. 函数库设置

单击函数库选项卡，在函数库设置界面可配置函数库，如图 15.15 所示。

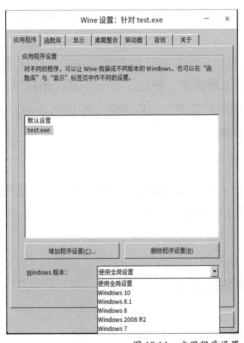

图 15.14 应用程序设置

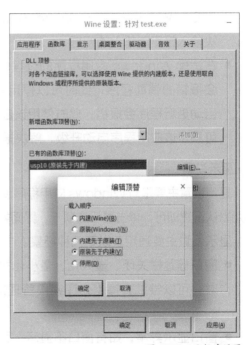

图 15.15 函数库设置

函数库指的是动态链接库，它提供了 API 调用的接口。配置函数库是指定函数库的载入顺序，加载逻辑分为内建、原装、内建先于原装、原装先于内建以及停用，详细介绍如下。

- 内建：意思是 Wine 编译提供的函数库。如果 usp10 配置为内建，就只会加载 Wine 编译的 usp10 函数库。

- 原装：意思是 Windows 版本的函数库，原装是相对于内建的。如果 usp10 配置为原装，就只会加载 Windows 版本的 usp10 函数库。如果不复制 Windows 版本 usp10.dll 到容器的 Windows/system32 目录，加载 usp10 的时候就会报错。

- 内建先于原装：意思是先尝试加载 Wine 编译的函数库，如果失败再加载 Windows 版本的函数库。

- 原装先于内建：意思是先尝试加载 Windows 版本函数库，如果失败再加载 Wine 编译的函数库。在这种情况下，没有复制 Windows 版本的函数库，加载的过程也不会失败。

- 停用：意思是不加载指定的函数库。

配置函数库的操作步骤为：在【新增函数库顶替】下的输入框中输入函数库的名称，单击【添加】按钮，将新增函数库添加到【已有的函数库顶替】列表中。然后单击【编辑】按钮，在载入顺序中选择需要的选项。例如，要停用指定的函数库就选择【停用】。

函数库顶替设置在实际应用中主要有以下两个场景。

- Wine 实现的函数库有问题，出现的情况就是某些应用程序编辑框不能输入，需要用 Windows 版本的函数库替换。比较常用的是 riched20.dll，配置 riched20 为原装并复制 Windows 版本 riched20.dll 到容器的 Windows/system32 目录，即可解决输入框不能输入的问题。

- 在适配 Windows 应用程序的过程中，会有一些不影响主程序使用但是运行程序时会报错的辅助程序，此时可以停用对应的辅助程序。例如，在运行某应用程序时，自动更新程序会报错，此时停用该应用程序的自动更新应用程序 (update.exe)，即可禁止该应用程序自动升级，解决报错的问题。

## 3. 显示设置

显示设置主要是对 Windows 应用程序窗口的显示效果进行设置，一般情况下不需要配置，使用默认设置即可。单击显示选项卡，界面如图 15.16 所示。

显示设置主要适用于以下几种场景。

- 窗口标题栏关闭、最大化、最小化按钮显示不对时，可以尝试去掉【允许窗口管理器装饰窗口】的勾选状态。

- 窗口显示异常，如有窗口不显示、异常关闭等问题时，可以尝试勾选【虚拟桌面】，查看窗口在虚拟桌面里面运行是否正常。因为显示效果不友好，此操作一般只作为开发人员分析对比的方法，不作为最终用户运行的方案。

- 设置屏幕分辨率，在高分屏上面需要将 dpi 的值设置得大一些。默认情况下 deepin-wine 会根

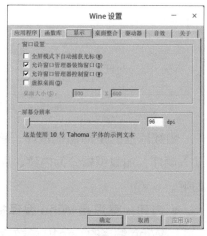

图 15.16　显示设置

据系统设置的缩放比来设置分辨率的大小，达到自适应的效果。一般情况下，用户不需要手动设置。

### 4. 桌面整合设置

桌面整合在一般情况下不需要进行设置。目前 deepin-wine 迁移的应用只用到一个主题，如果读者对自定义桌面感兴趣，可以参考如下操作步骤。

**01** 运行从应用商店安装的 Wine 版本的 QQ，并在终端中执行如下命令，复制文件到桌面。
`~/.deepinwine/Deepin-QQ/drive_c/Windows/Resources/Themes/deepin/deepin.msstyles`

**02** 在桌面整合设置界面，单击【安装主题】按钮，在弹出的选择主题文件对话框中选择【deepin.msstyles】，单击【打开】按钮。然后在桌面整合设置界面的主题下拉列表框中选择【deepin】，单击【应用】按钮，如图 15.17 所示。

**03** 应用主题后，系统默认的窗口样式会变为设置的主题样式，主题效果如图 15.18 所示。

图 15.17　设置主题

图 15.18　主题效果

### 5. 驱动器设置

在驱动器设置界面可设置容器的磁盘盘符，可以根据实际应用场景添加 D、E、F 等盘符。如某应用程序可能会直接将文件创建到 D 盘，这种情况就需要手动创建 D 盘，详细操作步骤如下。

**01** 在驱动器设置界面，单击【添加】按钮。

**02** 在弹出的对话框中可以设置需要添加的盘符名称、指定实际的文件路径即修改对应的目录到当前用户目录下，来保证 D 盘可以进行正常的读、写操作。

图 15.19 所示的是将 D 盘的路径指定在 /home/wayne/log 目录。

### 15.4.3 字体替换

在迁移 Windows 应用过程中最常见的问题之一是界面文字显示异常，这一般是缺少对应字体导致的。缺少对应字体的情况可以通过配置容器的方式解决，解决方案如下。

**01** 在终端中执行命令 `WINEPREFIX=~/.bottle deepin-wine regedit`，打开注册表编辑器，在【HKEY_CURRENT_USER\Software\wine\Fonts\Replacements】键中，右键单击【Replacements】，选择快捷菜单中的【新建－多字符串值】，编辑生成的键的名称（如宋体）。

**02** 右键单击宋体，选择【修改】，在弹出的"编辑多个字符串"对话框中输入替换字体的候选列表，如图 15.20 所示。

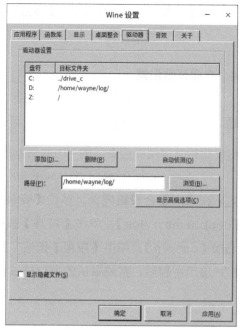

图 15.19 驱动器设置

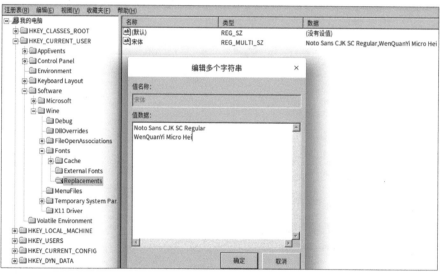

图 15.20 字体替换

如果发现【Replacements】键不存在，可以在【Fonts】键下面新建此键，右键单击【Fonts】，选择右键菜单的【新建－键】，编辑产生的键的名称为"Replacements"。

第 **16** 章

# 常见问题与使用建议

在日常使用统信 UOS 的过程中，难免会遇到一些问题，这些问题可能发生在系统、软件安装、上网等方面。本章将针对这些问题提供解决方法和使用建议。

# 16.1 常见问题的解决方法

## 16.1.1 系统类

### 1. 如何寻求帮助

如果系统在使用中出现问题，用户可以通过以下方式自主解决或寻求官方团队帮助。

- 在系统预装的服务与支持软件中查阅帮助手册文档、文档中心或 FAQ（常见问题解答）来排除疑问、解决问题。
- 如果无法自主解决问题，可以在系统预装的服务与支持软件中进行在线咨询，或通过软件获取 5×8 小时或 7×24 小时呼叫中心电话、官方团队的邮箱以及企业微信进行咨询。
- 在统信 UOS 官网的技术支持界面寻求帮助。

### 2. 安装时界面无响应

问题描述：安装时界面无响应需要区分安装操作系统的计算机是笔记本电脑还是台式计算机，台式计算机遇到安装时界面无响应的情况比较少，笔记本电脑在 Intel 处理器和 NVIDIA 显卡的组合下比较常见。

原因分析：系统默认使用 NVIDIA 开源驱动程序 Nouveau，但是该驱动程序不能很好地支持较新的显卡。当为了省电或切换核心显卡渲染画面时，系统内核会陷入无限循环的境况，从而不能继续响应用户的操作，表现就是界面无响应。

解决方法：通过开机时增加内核参数和关闭 NVIDIA 开源驱动程序来避免该问题，操作步骤如下。

01 开机时在引导系统列表按【E】键进入编辑状态，如图 16.1 所示。

02 将光标移动到 linux 行，在"ro"参数后面添加"nouveau.modeset=0"参数来关闭 Nouveau 驱动程序，如图 16.2 所示。

03 添加完毕后按【F10】键进行引导，即可避免笔记本电脑使用 Intel 处理器和 NVIDIA 显卡在安装统信 UOS 时出现界面无响应的情况。

### 3. 窗口特效无法开启

问题描述：在某些情况下，窗口管理器会关闭窗口特效（透明合成），并且拒绝再次开启窗口特效。

原因分析：大部分情况下，窗口管理器拒绝开启窗口特效是因为在尝试使用 OpenGL 进行渲染时，会多次出现崩溃的情况。为了不影响使用，窗口管理器会暂时关闭窗口特效功能，并切换到 CPU 渲染。

图 16.1　grub 配置

图 16.2　添加参数

　　解决方法：首先使用 glxinfo 工具排查系统是否因为安装私有驱动程序导致 OpenGL 渲染异常，再修改 KWIN 的配置文件，关闭安全模式，操作步骤如下。

**01** 在统信 UOS 终端中执行命令 sudo apt install mesa-utils 安装 mesa-utils，这个包提供了 glxinfo 工具，可以用来查看当前的 GLX 信息。

**02** 安装完毕后，在终端执行命令 glxinfo | grep OpenGL，可以看到使用的相关 GLX 驱动程序的信息和 OpenGL 的版本。

**03** 如果驱动程序问题都解决了，窗口特效还是处于未启动状态，编辑 ~/.config/kwinrc，修改 Compositing 段中的 OpenGLIsUnsafe 的值为 false，该选项用来控制 KWIN 标记 OpenGL 是否为不安全，如图 16.3 所示。

**04** 修改后注销用户，重新登录即可解决问题。

图 16.3　重新开启窗口特效

### 4. 任务栏消失或无法操作

问题描述：任务栏消失或持续崩溃，导致无法正常使用任务栏。

原因分析：任务栏支持插件，可能是某些插件不兼容，或插件自身质量较差。

解决方法：查看并分析任务栏的日志，或配合 GDB/LLDB 等调试工具查看崩溃点，找出对应的插件，删除或更新插件二进制文件，详细操作步骤如下。

**01** 在终端运行 dde-dock，日志将会直接输出在终端里；或查看 ~/.cahce/deepin/dde-dock/dde-dock.log 文件，该文件为任务栏的最新日志内容。

**02** 将 /usr/lib/dde-dock/plugins/ 目录下的所有插件文件移动到其他目录，再将插件一个一个的移回原目录，每次修改插件数量都需要执行 kill dde-dock 命令或通过注销来使任务栏重新加载，直到所有插件都被排查完毕。

### 16.1.2 软件安装类

### 1. 计算机虚拟化支持

问题描述：操作系统安装完成后，虚拟机无法进入图形化界面。

　　原因分析：某些 CPU 架构的虚拟机默认未选择硬件【图形】【视频】【鼠标】【键盘】以及【数位板】。

　　解决方法：在虚拟机中手动添加缺少的硬件，下文以添加【图形】为例介绍其操作步骤。

**01** 打开虚拟机，单击【显示虚拟硬件详情】，如图 16.4 所示。

图 16.4　虚拟机界面

**02** 选择【添加硬件】，如图 16.5 所示。

图 16.5　添加硬件

**03** 在添加新虚拟硬件界面，选择【图形】，并单击【完成】按钮，如图 16.6 所示。

## 2. Wine 应用由于某些原因发生卡顿或长时间不响应

Wine 作为一个提供 Windows 应用在 Linux 下运行的兼容层，本身有诸多不完善的地方。Wine 应用在使用过程中可能会碰到一些问题。下面列举一些常见的问题和解决方法，以供参考。

问题一：Wine 应用由于某些原因卡死

问题描述：以企业微信为例，在某些使用场景下，企业微信窗口突然卡住，无法响应鼠标和键盘，无法执行任何操作。

原因分析：出现这种情况，大部分是由于 Wine 的相关函数不够完善，或应用本身有 bug，这个时候应用并没有崩溃，但是无法响应任何操作。

图 16.6　添加硬件

解决方法：最简单的解决方法就是重启应用，选中应用单击鼠标右键，选择【强制退出】，即可退出当前无任何响应状态的企业微信，如图 16.7 所示。

除此之外，还可以借助系统监视器来结束企业微信进程，如图 16.8 所示。

图 16.7　强制退出

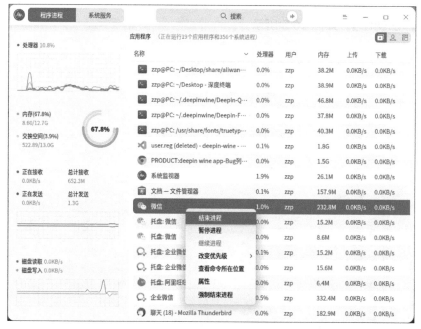

图 16.8　系统监视器结束进程

问题二：Wine 应用部分窗口丢失焦点后导致窗口"假死"

问题描述：在使用某些 Wine 应用的时候，以 QQ 为例，在聊天框中单击开启漫游消息，会弹出一个对话框，如图 16.9 所示。当单击这个对话框窗口外部区域的时候，这个对话框会隐藏到聊天窗口后，聊天窗口无法进行输入操作。

原因分析：出现这种情况是由于小窗口捕获了鼠标不释放且被其他窗口隐藏，其他窗口又"得不到鼠标"，因此表现为一种"假死"的状态。

解决方法：这时候窗口是没有被阻塞的，只是处于一种"假死"状态。这种情况是不需要强制退出的，一个简单的方法是按快捷键【Alt】+【Tab】，使对话框在聊天窗口前面显示，如图 16.10 所示，关闭对话框即可正常进行输入。

图 16.9　QQ 消息漫游对话框后置　　　　　图 16.10　QQ 消息漫游对话框前置

## 16.1.3　上网类

### 1. 网络只能访问内网，无法访问外网

问题描述：本地网络可以正常上网，但在连接公司 VPN 后只能访问公司内网，无法访问外网。

原因分析：在默认情况下，配置连接 VPN 后，统信 UOS 默认网关会被修改成 VPN 配备的网关，如果 VPN 配备网关没有配置转发外网数据，用户就不能访问外网。

解决方法：打开控制中心，选择【网络】，单击【VPN】。在 VPN 设置界面中选择已配置的 VPN，进入详细参数设置界面，在 IPv4 设置区域打开【仅用于相对应的网络上的资源】开关，单击【保存】按钮，如图 16.11 所示。

### 2. Wi-Fi 和蓝牙共存不稳定问题

问题描述：Wi-Fi 和蓝牙共存时网络不稳定。

原因分析：一些芯片中可能同时集成了 Wi-Fi 模块和蓝牙模块，Wi-Fi 和蓝牙共用时会导致冲突，因此要对一些配置进行修改。

解决方法：如果使用蓝牙时，Wi-Fi 速度很慢，可通过如下步骤进行修改。

**01** 打开终端，执行命令 sudo nano /etc/modprobe.d/iwlwifi.conf，将配置文件

iwlwifi.conf 里面的内容修改为 "options iwlwifi 11n_disable=1 bt_coex_active=0 power_save=0 swcrypto=1"。

**02** 保存配置文件并重启操作系统。

图 16.11　VPN 设置

> **提示** 在终端中执行命令 modinfo iwlwifi，可以了解每个参数的意义。

### 3. 无线网络非常慢或长时间不响应

问题描述：在使用 Windows 操作系统时，一切正常，这说明机器的硬件是正常的，但安装统信 UOS 后出现无线网络非常慢或长时间不响应的状况。

原因分析：在初次安装统信 UOS 后，如果经常出现无线网络非常慢或长时间不响应的状况，很可能是没有安装对应的驱动程序。

解决方法：如果确认是驱动程序原因导致网络不响应，可按如下步骤处理，否则，如下方法并不适用。

**01** 在终端中输入命令 lspci|grep Wireless，查看驱动程序型号。

**02** 在网站 "Linux Wireless" 下载对应的驱动程序。

> **说明** "Linux Wireless" 网站罗列了大部分 Linux 的无线网卡驱动程序，用户可以根据实际情况选择所需要的网卡型号，并搜索对应的驱动程序。

**03** 安装驱动程序。

◇ 如果为 Intel 网卡，如 Intel® Wireless-AC 8265，根据官网提示，执行如下命令。

```
tar xf xxx.tgz
sudo cp iwlwifi-*.ucode /lib/firmware
sudo reboot
```

◇ 如果为 Realtek 网卡，如 rtl8192du，还需要下载源码编译后再进行安装，可执行如下命令。

```
git clone https://github.com/lwfinger/rtl8192du.git
cd rtl8192du
make
sudo make install
sudo modprobe rtl8192du
sudo reboot
```

## 16.1.4 其他

### 1. 更新失败

当系统的软件仓库更新后，如果计算机处于联网状态，会提醒更新系统。在控制中心单击【更新】，正常使用的情况下不会更新失败，如果更新失败可能有以下几个原因。

● 没有使用正式发布的系统。

如果使用的是定制版统信 UOS，那么系统中有些包的版本可能比软件仓库还高，这时候选择升级是无法成功的，只能手工降级。如果包还有依赖的话，还需要手工降级依赖。这对于对系统不熟悉的用户来说，过程比较烦琐。

● 打开了开发者模式，修改了系统文件。

打开了开发者模式意味着用户拥有了 root 权限，可以修改系统中的一切文件。如果不小心误删重要的系统文件，可能导致系统更新失败甚至无法启动开机。如果知道删除的是哪个文件，可以在终端执行命令"dpkg -S 文件路径"来查询其对应的包名，然后重装相应的 deb 包即可，或重装系统。

● 在 /etc/apt/sources.list 中添加了除统信 UOS 官方源外的源。

/etc/apt/sources.list 默认只能使用统信 UOS 官方源，添加其他源，可能会导致软件仓库冲突，安装不正确的 deb 包，导致系统混乱。解决方法只有重装系统。

● 使用 dpkg -i 命令安装 deb 包。

统信 UOS 可以在终端使用 dpkg -i 命令来安装 deb 包，但是 dpkg 和 APT 不一样，dpkg 不会自动去安装 deb 包的依赖，这可能会导致后续 APT 操作出现问题。如果后续使用 APT 命令时出现错误，可以尝试在终端依次输入 sudo apt-get install --fix-missing 和 sudo apt-get install --fix-broken 命令，修复依赖包冲突或缺失的问题。

> 提示 在终端中执行命令 man apt-get，可以看到每个参数的说明。

● 系统长时间没有联网。

系统长时间（如半年）没有联网，突然更新，可能是本地 APT 缓存没有和远程仓库同步，要更新的包在远程仓库中没有，APT 下载时就会报错。这时候只需保持联网状态，重启系统，系统在开机后会自动去更新 APT 缓存。如果打开了开发者模式，可直接打开终端，输入命令 sudo apt update ，然后再去更新系统即可。

● 仓库有问题。

统信 UOS 的软件仓库中某些 deb 包有问题，导致安装出错，可以联系统信 UOS 厂商修复仓库。

### 2. 默认文件管理器被 vscode 顶替

vscode 是新一代文本编辑器，特点是轻量、稳定、插件多。可是在统信 UOS 中安装 vscode 后，打开文件夹的默认程序会变为 vscode。这时候要恢复用文件管理器去打开文件夹，需要右键单击任意文件夹，选择【打开方式 – 选择默认程序】，在弹出的对话框中单击【文件管理器】，并勾选【设为默认】，然后单击【确定】按钮。

# 16.2 使用建议

## 16.2.1 升级 BIOS 至最新版本

在系统出现不可修复的异常时，可以采取包括但不限于升级 BIOS、修改 BIOS 设置、更新系统等方式，尝试将系统修复到正常状态。

> 注意　1. 本小节仅提供常见 BIOS 更新方式，具体特定型号的 BIOS 更新方式以厂家说明为准，BIOS 在升级过程中不要断电或强行关机。
>
> 　　2. 更新 BIOS 或修改 BIOS 选项等操作，可能会造成计算机无法启动等问题，建议用户在技术人员的指导下进行操作。

### 1. 通过 USB 更新华硕主板 BIOS 程序

华硕主板内建了 EZ Flash 3 BIOS 升级工具后，不需要再通过启动盘的冗长程序或在磁盘操作系统（DOS）模式下运行。以下内容介绍如何通过 USB 更新华硕主板 BIOS 程序。

> 注意　1. ASUS EZ Flash 3 程序仅适用于有内建 ASUS EZ Flash 3 的 UEFI BIOS 主板。
>
> 　　2. 更新 BIOS 程式前，需要先备份所有数据。

**01** 启动计算机，按启动快捷键（如【F2】），进入 BIOS 界面。

**02** 在 BIOS 界面按【F7】进入高级模式【Advanced Mode】，选择【Tool-ASUS EZ Flash 3 Utility】，按【Enter】键，如图 16.12 所示。

**03** 将保存有 BIOS 文件的 U 盘插入计算机 USB 接口，在界面中选择【by USB】，如图 16.13 所示。

**04** 利用【↑】和【↓】键找到 U 盘中的 BIOS 文件，如图 16.14 所示。按【Enter】键开始更新 BIOS，当 BIOS 更新操作完成后，重新启动计算机。

图 16.12　Advanced Mode

图 16.13　EZ Flash Update

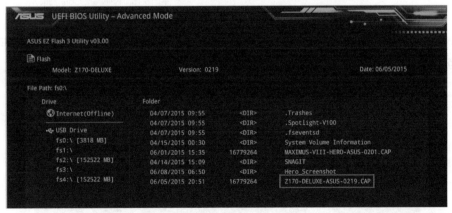

图 16.14　更新 BIOS

注意　通过 USB 更新华硕主板 BIOS 程序的方式仅支持采用 FAT32/16 格式的单一磁区 U 盘。

## 2. 通过互联网更新 BIOS 程序

**01** 进入 BIOS 设置程序的【Advanced Mode】，选择【Tool- ASUS EZ Flash 3 Utility】，

按【Enter】键。

**02** 选择【by Internet】，单击【Next】按钮，如图 16.15 所示。

图 16.15　EZ Flash Update

**03** 利用【←】和【→】键选择网络连接，如图 16.16 所示。按【Enter】键开始更新 BIOS，当 BIOS 更新操作完成后，需要重新启动计算机。

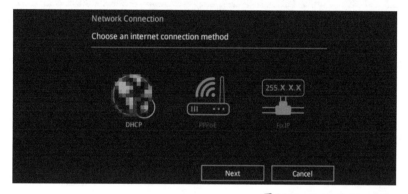

图 16.16　Network Connection

> **注意** Intel® Z390 和 Intel® Z370 系列 BIOS 下的网络更新功能 EZ Flash 3 不支持 PPPoE 更新，如图 16.17 所示。

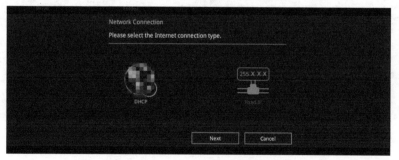

图 16.17　Network Connection

## 16.2.2 关闭 BIOS 中的 Fastboot 和 Secureboot 功能

Fastboot 是 BIOS 中一项用来提升启动速度的功能，如果启用了 Fastboot，将会禁用网络启动、光盘启动及 U 盘启动方式，USB 设备（如键盘、鼠标、U 盘等）和显卡在 BIOS 阶段也将不可用。

Secureboot 是 UEFI 规范中用来提升系统安全性的功能。如果启用了 Secureboot，那么不支持 Secureboot 的操作系统将无法加载或启动。

### 1. 为什么要关闭 Fastboot

对于已经开启了 Fastboot 的机器，由于在 BIOS 阶段 USB 设备和显卡是不可用的，一旦开启 Fastboot 将无法通过 BIOS 关闭。如果修改 BIOS 设置会十分不便，也不利于通过 U 盘等方式安装操作系统。

### 2. 为什么要关闭 Secureboot

由于统信 UOS 当前还未申请到 Secureboot 签名，所以在开启了 Secureboot 的机器上无法安装统信 UOS，需要关闭 BIOS 里面的 Secureboot 功能。

### 3. Fastboot 关闭方式

开启了 Fastboot 的设备通常是 Windows 8 以上版本的 Windows 操作系统，需要通过 Windows 8/10 操作系统的高级启动选项才能进入 BIOS 设置以关闭 Fastboot，以下内容以 Windows 10 操作系统为例进行介绍。

**01** 单击【开始 – 设置】，进入 Windows 设置界面，选择【更新和安全】，如图 16.18 所示。

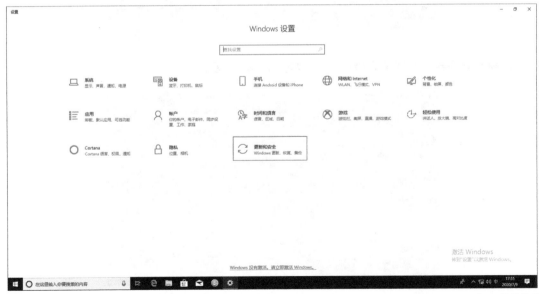

图 16.18　Windows 设置界面

**02** 在左侧列表选择【恢复】，单击【立即重新启动】按钮，如图 16.19 所示。

**03** 选择【疑难解答】，如图 16.20 所示。

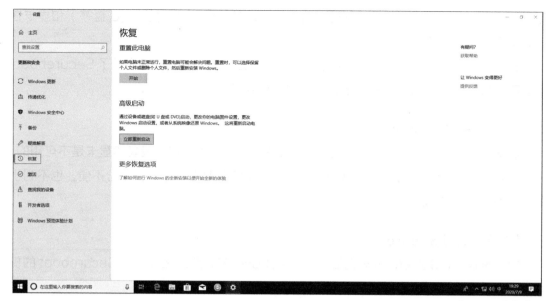

图 16.19 恢复界面

图 16.20 疑难解答

**04** 在疑难解答界面选择【高级选项】，如图 16.21 所示。

图 16.21 高级选项

**05** 在高级选项界面选择【UEFI 固件设置】，如图 16.22 所示。根据不同厂家的 BIOS 功能关闭 Fastboot 和 Secureboot 即可。

图 16.22　高级选项

### 16.2.3 跟随系统更新最新版本

由于统信 UOS 处于活跃的开发阶段，系统更新频繁，建议用户打开自动更新，根据系统提示进行更新，详细操作请参考 6.5.1 小节。

### 16.2.4 Linux 学习网站推荐

网络上有很多 Linux 学习网站，这里列出部分供读者参考、学习，如表 16.1 所示。

**表 16.1　Linux 学习网站**

| 网站 | 说明 |
| --- | --- |
| DistroWatch | Linux 爱好者必看网站，包含各发行版操作系统排行榜 |
| 深度科技社区 | Linux 用户社区网站，有资深开发者，也有新人用户，建议关注 |
| Linux 网站导航 | Linux 相关门户网站，常用的 Linux 网站都可以通过该网站进行跳转 |
| Linux 中国 | 老牌 Linux 信息网站，主要提供面向用户的信息和使用教程等 |
| Linux 公社 | 与 Linux 中国类似，老牌 Linux 信息网站 |
| 中国 Linux 公社 | Linux 信息网站，也提供论坛入口 |
| Linux 运维部落 | 提供 Linux 运维相关的信息 |

除了上面这些学习网站外，各 Linux 发行版的官网和论坛等也有很多资源，如 Debian、Ubuntu、Arch Linux、CentOS、Red Hat、Mint 等。

附录 **A**

# 命令参考

# A.1 查看文件内容操作命令

## 表 A.1 cat 命令

| 命令 | 说明 |
|---|---|
| cat file.txt | 列出 file.txt 文件内容 |
| cat > file | 创建新文件 file |
| cat file1 file2 > file3 | 将文件 file1 和 file2 合并，并将它们的输出存储在文件 file3 中，且 file3 之前的内容会被覆盖 |
| cat file1 file2 >> file3 | 将文件 file1 和 file2 的内容追加到文件 file3 ，file3 之前的内容不会被覆盖，新内容会追加在后面 |

## 表 A.2 head 命令

| 命令 | 说明 |
|---|---|
| head -n 5 file.txt | 显示 file.txt 的前 5 行 |

## 表 A.3 tail 命令

| 命令 | 说明 |
|---|---|
| tail -n 5 file.txt | 显示 file.txt 的最后 5 行 |
| tail -F error.log | 实时输出 error.log 文件的内容变动，就算原来的 error.log 文件被重建，还是会重新打开新的 error.log 文件，继续接收 error.log 内容 |

# A.2 文件和目录操作命令

## 表 A.4 mkdir 命令

| 命令 | 说明 |
|---|---|
| mkdir movies | 在当前目录创建一个名为 movies 的目录 |
| mkdir movies/tech | 在 movies 目录里创建一个名为 tech 的目录 |
| mkdir -p movies/2020/tech | 创建多层级目录，在 movies 目录中创建名为 2020 的目录，在 2020 目录中再创建名为 tech 的目录 |

## 表 A.5 cp 命令

| 命令 | 说明 |
|---|---|
| cp aa.jpg /home/username/photos | 将 aa.jpg 复制到 photos 目录下 |
| cp -r photos /home/username | 将 photos 目录复制到 username 目录下 |

表 A.6 mv 命令

| 命令 | 说明 |
| --- | --- |
| mv file1.doc file2.doc | 将 file1.doc 重命名为 file2.doc |
| mv aa.jpg /home/username/photos | 将 aa.jpg 移动到 photos 目录下 |

表 A.7 rm 命令

| 命令 | 说明 |
| --- | --- |
| rm aa.jpg | 删除 aa.jpg 文件 |
| rm -r tech | 删除 tech 目录 |

表 A.8 touch 命令

| 命令 | 说明 |
| --- | --- |
| touch file1.txt | 在当前目录下创建一个名为 file1.txt 的空文件 |

表 A.9 diff 命令

| 命令 | 说明 |
| --- | --- |
| diff file1.txt file2.txt | 对比 file1.txt 和 file2.txt 的差异 |

表 A.10 tar 命令

| 命令 | 说明 |
| --- | --- |
| tar zcvf file1.tar test | 将 test 文件夹打包压缩为 file1.tar |
| tar -xvf file1.tar | 将 file1.tar 解压到当前目录 |
| tar -xvf file1.tar -c file2 | 将 file1.tar 解压到 file2 目录 |

表 A.11 zip/unzip 命令

| 命令 | 说明 |
| --- | --- |
| zip file1.zip file1 | 将 file1 压缩为 file1.zip |
| unzip file1.zip | 将 fil1.zip 解压缩到当前目录 |
| unzip file1.zip -d file2 | 将 file1.zip 压缩文件解压到 file2 文件夹 |

表 A.12 echo 命令

| 命令 | 说明 |
| --- | --- |
| echo Hello,word >> file.txt | 将文本"Hello,word"写入 file.txt 文件中 |

# A.3 提取和筛选数据操作

### 表 A.13 grep 命令

| 命令 | 说明 |
|------|------|
| grep good notepad.txt | 在 notepad.txt 文件中搜索单词 good |
| grep -i good notepad.txt | 在 notepad.txt 文件中搜索单词 good，且 good 不区分大小写，包含搜索单词的行将被完整显示 |
| grep -n '2020-06-30' error.log | 列出 error.log 日志文件里所有包含"2020-06-30"的行，并显示行数 |
| grep -r error /var/logs | 以递归的方式查找"/var/logs"，并列出目录下包含"error"文件的行 |

# A.4 基本终端导航命令

### 表 A.14 ls 命令

| 命令 | 说明 |
|------|------|
| ls /home | 列出 home 目录内容 |
| ls -R | 列出子目录中的所有文件 |
| ls -a | 显示隐藏的文件 |
| ls -al | 列出文件和目录及其详细信息，包括权限、大小、所有者等 |

### 表 A.15 cd 命令

| 命令 | 说明 |
|------|------|
| cd photos | 进入当前目录下的 photos 目录 |
| cd /usr/share | 从 /home/username/photos 切换到一个全新的目录，如 /usr/share，可以输入绝对路径 |
| cd ../movies | 从 /home/username/photos 切换到相邻的目录，如切换 /home/username/movies |
| cd .. | 切换到当前目录的上一层目录 |
| cd | 切换到当前登录用户的主目录 |
| cd - | 切换到上一次进入的目录 |

### 表 A.16 du 命令

| 命令 | 说明 |
|------|------|
| du -h -d 1 | 当服务器磁盘被全部占用时，需要找出占用空间异常的目录，执行该命令后，将显示当前目录下的第一级目录占用了多少空间 |

表 A. 17　df 命令

| 命令 | 说明 |
| --- | --- |
| df –h | 将显示磁盘空间使用情况的报告，并以容易看懂的格式显示 |

表 A. 18　man 命令

| 命令 | 说明 |
| --- | --- |
| man tail | 查看 tail 命令的详细参数 |

表 A. 19　rmdir 命令

| 命令 | 说明 |
| --- | --- |
| rmdir tech | 删除 tech 目录（tech 目录内容为空） |

表 A. 20　kill 命令

| 命令 | 说明 |
| --- | --- |
| kill –9 12313 | 立即终止 pid 为 12313 的程序 |
| kill 12313 | 停止运行 pid 为 12313 的程序 |

表 A. 21　ping 命令

| 命令 | 说明 |
| --- | --- |
| ping baidu.com | 检查是否能够连接到 baidu.com 并显示响应时间 |

表 A. 22　find 命令

| 命令 | 说明 |
| --- | --- |
| find /home –name abc.txt | 在 home 目录和子目录中搜索名为 abc.txt 的文件 |
| find –name abc.txt | 查找当前目录中的 abc.txt 文件 |
| find –type d –name tech | 查找当前目录中的 tech 目录 |

# A.5 文件权限命令

表 A. 23　chown 命令

| 命令 | 说明 |
| --- | --- |
| chown user index.html | 将文件所有权由 user 转为 index.html |

表 A. 24　chmod 命令

| 命令 | 说明 |
| --- | --- |
| chmod +x run.sh | 给文件 run.sh 添加可执行的权限，使之类似 Windows 操作系统的可执行文件，能直接运行 |